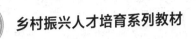

乡村振兴人才培育系列教材

U0272323

果树栽培与病虫害
防治实用技术

● 丁 雪 葛丽霞 李艳辉 主编

中国农业科学技术出版社

图书在版编目（CIP）数据

果树栽培与病虫害防治实用技术／丁雪，葛丽霞，李艳辉主编 . --北京：中国农业科学技术出版社，2024. 5

ISBN 978-7-5116-6782-3

Ⅰ.①果…　Ⅱ.①丁…②葛…③李…　Ⅲ.①果树园艺②果树-病虫害防治　Ⅳ.①S66②S436. 6

中国国家版本馆 CIP 数据核字（2024）第 078744 号

责任编辑　王惟萍
责任校对　马广洋
责任印制　姜义伟　王思文

出 版 者	中国农业科学技术出版社
	北京市中关村南大街 12 号　　邮编：100081
电　　话	（010）82106643（编辑室）　　（010）82106624（发行部）
	（010）82109709（读者服务部）
网　　址	https：∥castp.caas.cn
经 销 者	各地新华书店
印 刷 者	北京地大彩印有限公司
开　　本	140 mm×203 mm　1/32
印　　张	6
字　　数	151 千字
版　　次	2024 年 5 月第 1 版　2024 年 5 月第 1 次印刷
定　　价	27.00 元

　　果树生产在我国农业生产中占据着重要地位。然而，在果树实际生产中存在着一些问题，如栽培管理技术落后、病虫害防治不力等，导致果树生长不良、产量下降、品质差等问题，甚至出现病虫害的暴发，给农业生产带来了很大的损失。同时，随着人们对水果品质和安全性的要求不断提高，果树生产也需要向高效、优质、安全的方向发展。因此，迫切需要提高果农的技术水平和管理能力。

　　本书紧密结合果树生产现状，应广大农民朋友的需求，围绕农民培训编写而成。本书选取了苹果、桃、梨、杏、樱桃、葡萄、枣、柿、猕猴桃、柑橘、杧果、荔枝、枇杷、龙眼、香蕉15种常见果树。每种果树从建园技术、果园管理技术和病虫害防治技术3个方面进行了系统介绍，突出了针对性、适用性、通俗性和对现代农业新技术、新成果的应用，旨在为果农提供科学的栽培技术和有效的病虫害防治方法，从而提高果树产量和品质，促进农业生产的可持续发展。

　　由于编者水平有限，加之编写时间仓促，书中难免存在疏漏和不足之处，敬请广大读者批评、指正。

编　者
2024 年 2 月

目录

第一章　苹果栽培与病虫害防治技术

第一节　建 园 技 术

一、园地选择

一般苹果园大都选择在地势比较平坦的地方或比较缓和的丘陵地带，这样不仅有利于高产稳产，也便于管理。土层的厚度和养分状况直接影响果树的生长和结果。过于瘠薄或养分含量太低的土壤，在建园前一定要先进行土壤改良。水源情况包括降水量、地下水位及人工灌溉条件，对果树生长都有影响。若在干旱地区建园，应选择地势比较平坦，附近有灌溉水源和配套设施的地方。此外，在满足果树生长发育条件的前提下，果园要建在交通方便，靠近消费城市的地方，最好靠近工业发达的地区，这样便于果实的运输、销售和加工。

二、园区规划

（一）生产小区的划分

为了便于生产管理，通常将果园划分为若干个生产小区。小区的形状和大小，应根据地形、地势和生产管理水平而定。地形变化不大的，小区的面积可稍大些，反之则小些。一般以 30～50 亩（1 亩≈667 米^2）为宜，过大不方便管理，过小又会增加非生产用地，浪费土地。

小区的形状多以南北向的长方形为主，行向南北光能利用率高，小区的方向也可与当地主要风向相一致，这样可以减轻大风的危害；山地果园小区的长边要与等高线平行，方便生产作业，使小区内气候条件相对一致，也可减轻土壤冲刷和水土流失。

（二）果园道路系统、水利设施及附属建筑的建设

为方便生产管理和运输，各作业区之间必须有道路连接。各大区之间有干道，小区之间有支路，小区内有作业道。在山地果园，主要道路可环山而上，也有的建成"之"字形。

道路的安排主要依据地形而定，目的是方便作业。道路的宽度也要依地形而定，为使交通工具能顺利通过，一般大型果园的主要道路宽 5~8 米，支路宽 3~5 米，人行作业道依具体情况而定。

水利设施是保证果园高产稳产的必备条件。建园时，必须建立起完整的灌水和排水系统。灌溉用的水源主要有池塘、水库、深井和河流等，这些设施在建园前就应该先建设好。在果园各区之间，要设立主渠道，与主渠道相连的支渠要贯穿于小区之间。主渠道的位置要略高一些，以便全园实行自流灌溉。水渠的大小及在果园中的分布密度，应根据果园需水量和年降水情况而定。

灌溉系统最好也能做排水用。在降水量过大时，能利用灌水渠道及时将多余的水排出去。

在建设果园时，应做好辅助建筑物的建设，包括管理用房、储藏室、农具室、包装场及农药配制场等。这些辅助建筑物最好设置在交通方便之处。在山地果园，农药的储存及配置场所设在高处较为安全。而包装场所及临时果品储藏库则应设置在较低的地方。

苹果是靠昆虫授粉的果树，因此，最好在果园中配备养蜂

场，不仅可以帮助苹果授粉，还能增加蜂蜜产品，提高经济效益。

(三) 果园防护林的配置

在果园的边缘及容易受大风侵袭的部位营造防护林，可以减小风速，减少土壤水分蒸发和土壤侵蚀，保持水土，削弱寒流，调节温度。根据防护林的构造和作用，可分为透风林和不透风林2种类型。

不透风林带是由大、中、小3种不同高度树冠组成的挡风树墙，上下呈郁闭状态，气流不易通过。当气流遇到这样的防护林以后，便改变方向，沿树墙上升，经过一定距离后才能恢复原来的风向和风速，使这一范围内的果树受到保护，免受大风的侵害。尽管这种防护林的防护范围小一些，但在防护区内的防护效果却非常好。

透风林带一般是由一层高大乔木和一层灌木组成，也有只采用一层大乔木的。这种通透式防护林带的中下部可通过一部分气流，从正面来的风受阻后，大部分沿林带向上转移，少部分穿过林带形成许多细小的环流进入果园，使风速大大降低。这种防护林对来自正面的气流阻力较小，但对局部地带降低风速，增加湿度，保持水土的作用不如不透风林带。

一般情况下，防护范围为林带高度的25~35倍，山地果园的防护林应栽植在分水岭上，防护林带要与当地的主风向垂直。林带栽植的行数可根据风速的大小而定，主林带可栽5~8行，副林带可栽2~4行，防护林的结构，一般要求乔木与灌木相间配置。

防护林带在果园南侧的，距果树应保持10~15米，以免林带遮阳，影响果树的生长发育。林带与果树之间的空地，可设置道路和排灌系统，或种植绿肥作物。

三、栽植技术

（一）栽前准备

1. 肥料准备

为了改良土壤，应将大量优质有机肥运到果园，可按每株100~200千克、每亩5~10吨的数量，分别堆放。

2. 苗木准备

苗木栽前再进行一次检查，剔除弱苗、病苗、杂苗、受冻苗、风干苗，剪除根蘖、断伤的枝/根、枯桩等，并喷一次5波美度石硫合剂消毒。对远处运来稍有失水的苗木，应放在流动的清水里浸4~24小时再栽植。

3. 标行定点

栽植前，根据规划的栽植方式和株行距进行测量，标定树行和栽植点，按点栽植。平地果园，应按区测量，先在小区内按方形四角定4个基点及1个闭合的基线，以此基线为准测定闭合在线内外的各个栽植点。山地和地形较复杂的坡地，按等高线测量，先顺坡自上而下接一条基准线，以行距在基准上的标准点，用水平仪逐点向左右测出等高线，坡陡处减行，坡缓处可加行，等高线上按株距标定栽植点。

4. 栽植穴（沟）准备

栽植穴通常直径和深度均为80~100厘米。果园土壤条件越差，栽植穴的大小、质量要求应越高。密植建园多顺栽植行，挖深、宽各1米左右的栽植沟，对果树生长的效果比穴栽好，特别是有利于排水。平地挖穴常有积涝，效果不及挖沟。无论挖穴或挖沟，都应将表土与心土分开堆放，有机肥与表土混合后再行栽植。

栽植穴挖好后，培穴、培沟时，可刨穴四周或沟两侧的土，使优质肥沃土集中于穴内并把穴（沟）的陡壁变成缓坡外延，以利于根系扩展；尽量把耕作层的土回填到根际周围，并结合施入的有机肥，最好重点改良 20～40 厘米幼树根系集中分布的土层，太深难以发挥肥效。

（二）栽植时间

秋季落叶以后到春季萌芽以前栽植均可，实际生产中以春栽为主。

1. 早秋栽

北方果区，秋季多雨，在 9 月中旬至 10 月上旬栽植。抢墒带叶栽植是西北黄土高原果区的一条成功经验，由于栽植时封墒情况好，根系恢复快，栽植成活率高，翌年，基本不缓苗，生长较旺。采用这种栽法必须就地育苗，就近栽植，多带土、不摘叶，趁雨前，随挖随栽，成活率更高。

2. 秋栽

土壤结冰前栽植，栽后根系得到一定的恢复，翌春发芽早、新梢生长旺，成活率高。在冬季干冷地区，要灌透水，后按倒苗干，埋土越冬比较安全。否则，不如春栽。

3. 春栽

春季土壤解冻后，树苗发芽前栽植，虽然发芽晚，缓苗期长，但可减少秋栽的越冬伤害，保存率及成活率高。

（三）栽植密度

苹果的栽植密度受品种砧木类型、树形、土壤、地势、气候条件和管理水平等因素的制约。栽植密度是影响果品质量的重要因素之一。苹果合理的栽植密度既要保证充分利用土地资源，又要保证树体充分采光。在单位面积栽植株数一定的情况下，行距对光照的影响比株距大得多，生产上一般采用宽行密植，行距不少于 3～4 米，树体成形后，行间应有 1 米的直射光。随着生产的发展，市场对果品质量要求越来越高，苹果栽植密度也呈越来越小的趋势。

（四）栽植技术

将苗木放进挖好的栽植坑之前，先将混好肥料的表土，填一半进坑内，堆成丘状，取计划栽植品种苗木放入坑内，使根系均匀舒展地分布于表土与肥料混堆的丘上，同时校正栽植的位置，使株行之间尽可能整齐对正，并使苗木主干保持垂直。然后，将另一半混肥的表土分层填入坑中，每填一层都要压实，并不时将苗木轻轻上下提动，使根系与土壤密接，再后将心土填入坑内上层。在进行深耕并施用有机肥改土的果园，最后培土应高于原地面5~10厘米，且根茎应高于培土面5厘米，以保证松土踏实下陷后，根茎仍高于地面。最后在苗木树盘四周筑一环形土埂，并立即灌水。

第二节　果园管理技术

一、土肥水管理

（一）土壤管理

苹果园土壤管理的方法主要有清耕法、生草法、覆盖法和化学除草。

清耕法是在苹果园内除苹果树外不种植任何作物，多在秋季深翻，生长季多次全面中耕，保持土地表面疏松和无杂草生长。生草法是在苹果园除树盘外，在行间和株间种植矮生禾本科、豆科等草种（如早熟禾、黑麦草、白车轴草、苜蓿、黑豆、绿豆等）的土壤管理方法。覆盖法是利用各种材料（如作物秸秆、树叶、杂草、薄膜、石子等）对树盘、株间甚至整个行间进行覆盖的方法。化学除草就是在果园内不生草、不耕作，只用除草剂防控杂草，秋后进行一次深翻。

（二）施肥管理

1. 施肥时间

基肥（包括有机肥料、部分氮、磷、钾速效肥料和硅、钙、钾、镁肥等中微量元素肥料）以秋施为宜（落叶前1个月）。土壤追速效肥料时期包括萌芽前（3月中旬）、新梢旺长和幼果膨大期（6月中旬）、果实膨大期（7月下旬至8月中旬）和果实采收后（9月中旬至10月中下旬）结合基肥施入，具体施用时期和施用量根据树势确定。

2. 施肥方式

施肥方式包括基肥和追肥，基肥以有机肥为主，追肥以速效性化学肥料为主；追肥包括土壤追肥和根外追肥。

（三）水分管理

在苹果萌芽期、幼果期（花后20天左右）、果实膨大期（7月中旬至8月下旬）、采收前及土壤封冻前进行灌水。采收前的灌水要适量，封冻前的灌水要透彻。灌溉方法主要有小沟交替灌溉、滴灌、微喷灌、水肥一体化等。有通畅的排水系统，确保汛期和地下水位过高的园地排水及时。

二、树形管理

（一）适宜树形

目前我国苹果栽培生产中采用的树形较多，无论哪种树形均能丰产增收。各地在选择适宜树形时，应根据所选苗木的砧穗组合，当地的气候条件、土壤条件、技术管理水平等因素，做到充分考虑，选用相应的树形和整形方法。矮砧密植园树冠小，宜选用狭长、紧凑的树形（如圆柱形、细长纺锤形）；乔砧密植园易形成中冠形，适宜小冠疏层形、小冠开心形、自由纺锤形；乔砧稀植园树冠大，宜采用少主枝、多级次、骨干枝牢固的基部 3 个主枝自然半圆形、主干疏层形、自然半圆形。这样才能选形得当，合理利用光能和土地，充分发挥其生产潜力，取得较好的经济效益。

（二）不同时期的整形修剪方法

1. 幼树期的整形修剪

幼树期是指从苗木栽植到第 1 次开花结果的这一段时期。该时期的修剪特点是促进树势健壮，轻剪长放多留枝，迅速增加枝条数量；调整骨干枝角度，加速树冠扩大，充分占领营养空间，合理利用光能。

2. 初果期的整形修剪

初果期是指从开始见果到大量结果的时期。为了早果、早丰，尽快完成整形任务，应该采用"先促后缓、促缓结合、适当轻剪"的修剪方法，使其尽快形成牢固骨架，扩大树冠，增加全树枝量。

3. 盛果期的整形修剪

盛果期是指从初果期结束到一生中产量最高的时期。此期树体骨架已基本形成，整形任务完成，修剪的主要任务是改善光照条件，调整好花芽、叶芽比例，维持健壮的树势，培养与保持枝组势力，争取丰产、稳产、优质。

三、花果管理

（一）授粉技术

1. 采集花粉

在主栽品种开花前，从适宜的授粉树上采集含苞待放的铃铛花，带回室内，两花对搓，脱取花药，去除花丝等杂质，然后将花药平摊在光洁的纸上。若果园面积大，需花粉量较多时，则可采用机械采集花粉。

2. 授粉时期及次数

人工授粉宜在盛花初期进行，以花朵开放当天授粉坐果率最高。但因花朵常分期开放，尤其是遇低温时，花期拖长，后期开放的花自然坐果率很低。因此，花期内要连续授粉 2~3 次，以提高坐果率。

3. 授粉方法

授粉方法主要有人工点授、喷粉和液体授粉、插花枝授粉、蜜蜂授粉和壁蜂授粉。

(二) 疏花疏果

1. 花前复剪

在花芽萌动后至盛花前进行，一般壮树花枝和叶枝比为 1：3，弱树花枝和叶枝比为 1：4。

2. 疏花疏蕾

疏花疏蕾在铃铛花至盛花期进行，根据不同品种在 15~25 厘米不同距离留花序 2~3 个，富士可大些，嘎啦可小些。每花序只保留 1 个中心花，边花全部疏除。

3. 疏果定果

花后 2 周开始疏果定果，30 天内完成，一般只留中心单果，多留下垂果、少留或不留斜生果和直立果。生产中多采用间距法疏果定果。大型果品种留果间距 20~30 厘米，中型果品种留果间距 15~20 厘米，小型果品种留果间距 15 厘米左右。

(三) 果实套袋

1. 果袋选择

黄色和绿色品种选用单层透光纸袋，红色品种选用内袋为红色或外灰内黑的双层遮光纸袋。

2. 套袋方法

套袋在谢花后 30 天左右开始，2 周内完成。套袋前 3 天全园喷一次杀虫剂和杀菌剂。注意晴天套袋应在 10 时之前和 16 时以后进行。

3. 摘袋方法

采收前 20~25 天去除果袋，先摘除外袋，间隔 5~7 天再摘除内袋。摘袋最好选择阴天进行或避开午间日光最强时段，防止日灼。

第三节　病虫害防治技术

一、常见病害

（一）苹果褐斑病

1. 主要症状

苹果褐斑病又名绿缘褐斑病，是引起苹果树早期落叶的最重要的病害之一，目前在我国大部分苹果产区范围内都会发生。按照病斑类型可分为轮纹型、针芒型、混合型等。

轮纹型病斑圆形，四周黄色，中心暗褐色，有呈同心轮纹状排列的黑色小点（病菌的分生孢子盘），病斑周围有绿色晕。针芒型病斑似针芒状向外扩展，无一定边缘，病斑小而多。混合型病斑很大，近圆形或不规则形，暗褐色，中心为灰白色，其上也有小黑点，但无明显的同心轮纹，有时果实也能受害，病斑褐色，圆形或不整形，凹陷，表面有黑色小粒点，病部果肉褐色，呈海绵状干腐。

2. 防治措施

（1）清除越冬菌源。萌芽前彻底清除果园内和果园周边的落叶并深埋；5月剪除主干基部的叶丛枝和离地面50厘米的枝条，切断树体下部与上部的联系。

（2）雨前保护。6中下旬和7月中下旬的雨季之前，各喷一次倍量式波尔多液或其他持效期长的保护剂；8月上中旬的降雨前，喷施一次高效且持效期长的内吸性杀菌剂。

（3）雨后治疗。若5月雨水较多，结合套袋应喷施一次对褐斑病有内吸治疗效的杀菌剂；若6月雨水较多，于7月上旬再喷施一次内吸性杀菌剂；6—8月若遇持续阴雨，可考虑增喷药剂。三唑类杀菌剂，如戊唑醇、丙环唑、氟硅唑等，对褐斑病有较理想的治疗效果，可考虑雨后使用。

（二）苹果炭疽叶枯病

1. 主要症状

苹果炭疽叶枯病与常见的苹果炭疽病的症状明显不同。病叶前期危害症状为叶片上有黑色不规则病斑，中期病斑迅速扩大，致使叶片发黄脱水干枯，后期叶片干枯脱落。果实上出现1~2毫米的圆形斑点，斑点周围有红色晕环，且分布不规则。

2. 防治措施

对于炭疽叶枯病的防治应以药剂保护为主。药剂防治从6月雨季前开始，保证每次遇到较长时间的降雨时，叶片和果实上都有足够浓度的杀菌剂保护。

（1）雨前保护。6月中下旬和7月中下旬雨季之前，各喷一次倍量式波尔多液或其他黏附性强、耐雨水冲刷、持效期长的保护剂；8月上中旬降雨之前，全园喷施一次保护期较长（以吡唑醚菌酯为主要成分）的内吸性杀菌剂；9月初早中熟苹果采收后，全园再喷施一次倍量式波尔多液。

（2）内吸治疗。若6月雨水多，于6月底或7月上旬喷一次高效的内吸治疗剂；6—8月若遇持续阴雨，可考虑增喷药剂。

吡唑醚菌酯是防治炭疽叶枯病较为理想的内吸治疗剂，其保护效果也可维持 10~15 天。

（3）保护果实。嘎拉和金冠解袋后至果实采收前，密切关注气象预报，在预报降雨前的 2~3 天，果实上喷洒残留期短、安全高效的保护性杀菌剂，并防止药剂在果实上残留。

（三）苹果霉心病

1. 主要症状

苹果霉心病又名心腐病。主要危害苹果的果实。病果果心变褐腐烂，充满灰绿色或粉红色霉状物，从心室逐渐向外霉烂，果肉味苦。果面外观症状不明显，较难识别。幼果受害重的，早期脱落。近成熟果实受害偶尔果面发黄、果形不正或着色较早。

2. 防治措施

（1）加强栽培管理。增施有机肥，及时排涝，合理修剪使树体通风透光，增强树体抗病力。

（2）随时摘除病果，搜集落果，冬季剪去树上各种僵果、枯枝等，均有利于减少菌源。

（3）在初花期和落花后喷药 1~2 次，常用药剂：10%多抗霉素可湿性粉剂 1 000~2 000 倍液、500 克/升异菌脲悬浮剂 1 500 倍液、70%甲基硫菌灵可湿性粉剂 1 000 倍液、50%多菌灵可湿性粉剂 1 000 倍液等，可有效降低采收期的病果率。另外，生长期喷 0.4%硝酸钙+0.3%硼砂 2~3 次，也能降低采收期的病果率。

（4）生物防治。从苹果树萌动后开始，连喷 4~5 次 1 000亿芽孢/克枯草芽孢杆菌 1 000 倍液，15~20 天喷一次。

（四）苹果斑点落叶病

苹果斑点落叶病是新红星等元帅系苹果的主要病害之一，造成苹果早期落叶，引起树势衰弱，果品产量和质量降低，还容易在储藏期感染其他病菌，造成腐烂。

1. 主要症状

主要危害苹果叶片，也可侵染果实。叶片染病初期出现褐色小圆点，然后逐渐扩大为红褐色，边缘紫褐色的病斑，病部中央常具一深色小点或同心轮纹。天气潮湿时，病部正背面均可长出墨绿色至黑色的霉状物，即病菌的分生孢子梗和分生孢子。夏季、秋季高温高湿，病菌繁殖量大，发病周期缩短，秋梢部位叶片病斑迅速增多，一片病叶上常有 10～20 个病斑，多个病斑融合成不规则形大斑，叶片穿孔或破碎，生长停滞至枯焦脱落。叶柄、一年生枝和徒长枝上，出现褐色至灰褐色病斑，边缘有裂缝。影响叶片正常生长，常造成叶片扭曲和皱缩，病部焦枯，易被风吹断，残缺不全。幼果染病，果面出现 1～2 毫米的小圆斑或锈斑，有红晕。病部有时呈灰褐色疮痂状斑块，病健交界处有龟裂，病斑不剥离，仅限于病果表皮，但有时皮下浅层果肉可呈干腐状木栓化。

2. 防治措施

秋冬认真扫除落叶，剪除病枝，集中烧毁或深埋。发芽前喷 3～5 波美度石硫合剂铲除病源。药剂防治，花后 10 天开始喷第 1 次药，以后视天气情况每隔 10～15 天喷一次，常用药剂有波尔多液、丙森锌、代森锰锌、多抗霉素、异菌脲等，注意不同类型药剂交替使用。

（五）苹果黑星病

1. 主要症状

黑星病主要危害叶片和果实，发病后的主要症状特点是在病斑表面产生墨绿色至黑色霉状物。叶片受害，正背两面均可出现病斑，病斑初为淡褐色，逐渐变为黑色，表面产生平绒状黑色霉层，圆形或放射状，直径 3～6 毫米。后期，病斑向上凸起，中央变灰色或灰黑色。病斑多时，叶片扭曲畸形，甚至早期脱落。果实受害，多发生在肩部或胴部，初为黄绿色，渐变为黑褐色至黑色，圆形或椭圆形，表面有黑色霉层。严重时，病部凹陷龟裂，病果变为凹凸不平的畸形果。

2. 防治措施

（1）做好果园卫生。落叶后至发芽前，彻底清扫落叶，集中深埋或烧毁，避免病菌在其上越冬。不易清扫落叶的果园，发芽前可选用硫酸铜钙、代森铵、10%硫酸铵溶液或5%尿素溶液喷洒地面落叶，以杀死病叶中越冬的病菌。

（2）生长期药剂防控。关键为喷药时期，落花后至春梢停止生长期最为重要，应根据降雨情况及时喷药防控。10~15天喷一次，严重地区应连续喷施3~5次。雨前喷药效果最好，但必须选用耐雨水冲刷药剂。前期（幼果期）可选用的有效药剂有腈菌唑、氟硅唑、烯唑醇、戊唑醇、苯醚甲环唑、戊唑·多菌灵、甲硫·戊唑醇、甲基硫菌灵、多菌灵、吡唑醚菌酯、代森锰锌、克菌丹等；后期除前期有效药剂可继续选用外，还可选用硫酸铜钙、铜钙·多菌灵及波尔多液等铜素杀菌剂。

二、常见虫害

（一）顶梢卷叶蛾

1. 主要症状

以幼虫危害嫩梢，仅危害枝梢的顶芽。幼虫吐丝将数片嫩叶缠缀成虫苞，并啃下叶背茸毛做成筒巢，潜藏入内，仅在取食时身体露出巢外。危害后期顶梢卷叶团干枯，不脱落。

2. 防治措施

（1）消灭越冬虫源。结合冬剪剪除卷叶虫苞，萌芽前刮粗皮、翘皮，破坏越冬场所，然后集中烧毁；清除果园内的杂草、落叶，集中深埋或烧毁。发芽前喷施一次石硫合剂或高效氯氟氰菊酯，杀灭残余害虫。

（2）生长期药剂防控。在发芽后开花前及时喷第1次药；6月中旬是第2次喷药关键期。另外，也可在诱蛾高峰出现后立即喷药。常用有效药剂有：氟苯虫酰胺、氯虫苯甲酰胺、氰氟虫腙、阿维菌素、甲氨基阿维菌素苯甲酸盐、灭幼脲、除虫脲、甲氧虫酰肼、高效氯氰菊酯、高效氯氟氰菊酯等。在幼虫卷叶前喷药效果最好，若已经开始卷叶，需增大喷洒药液量。

（3）其他措施。结合疏花、疏果及夏剪等措施及时剪除卷叶虫苞，集中深埋。在果园内设置黑光灯、频振式诱蛾灯、性诱剂诱捕器、糖醋液诱捕器等诱杀成虫。有条件的果园也可释放赤眼蜂。

（二）苹果棉蚜

1. 主要症状

苹果棉蚜主要群集在剪锯口、病虫伤疤周围、主干与主枝树皮裂缝内、枝条叶柄基部和根部吸食汁液危害，受害部位组织肿胀，常形成大小和形状不同的肿瘤，且肿瘤易破裂。受害部位表面覆盖一层蜡质或白色绵状物是该虫危害的主要识别特点。严重时果实也可受害，主要集中在萼洼和梗洼处，影响果品质量。

2. 防治措施

（1）清除越冬虫源。苹果落叶后至发芽前，彻底刨除根蘖，刮除枝干粗皮、翘皮，清理剪锯口和病虫伤疤周围，集中杀灭越冬虫源。严重果园，落叶后使用毒死蜱药液涂刷剪锯口和病虫伤疤及浇灌根茎部，铲除残余虫源。

（2）生长期药剂防控。苹果萌芽后至开花前和落花后10天是药剂防控苹果棉蚜的第1个关键期，开花前喷药一次（重点喷洒苹果棉蚜可能越冬的部位）、落花后需喷药2次（间隔期7~10

天）；秋季苹果棉蚜数量再次迅速增加时，是药剂防控的第 2 个关键期，喷药一次即可。常用有效药剂为氟啶虫胺腈、吡虫啉、啶虫脒、噻虫嗪、呋虫胺、高效氯氟氰菊酯、高效氯氰菊酯等。喷药时，在药液中混加有机硅类等农药助剂，可增强药剂对苹果棉蚜的黏着和展着性能，提高杀虫效果。

（三）金纹细蛾

1. 主要症状

金纹细蛾俗称潜叶蛾，以幼虫在表皮下潜食叶肉危害，使下表皮与叶肉分离。叶面呈现黄绿色、椭圆形、筛网状虫斑，似玉米粒大小。叶背表皮皱缩鼓起，叶片向背面卷曲。虫斑内有黑色虫粪。严重时，一片叶上常有十多个虫斑，可造成早期落叶。

2. 防治措施

（1）做好果园卫生。落叶后至发芽前彻底清除树上、树下的落叶，集中烧毁，并翻耕树下土壤，消灭越冬场所及虫蛹。

（2）性诱剂诱杀。成虫发生期，在果园内设置性引诱剂诱捕器，诱杀成虫。连片果园必须统一使用性诱剂，否则可能会加重受害。一般每亩设置诱捕器 2~3 点，性引诱剂诱芯每 45 天更换一次。

（3）药剂防控，喷药时期最为关键。一代幼虫防控时期为落花后立即喷药，二代幼虫防控时期为落花后 40 天左右喷药；三至五代因幼虫发生不整齐，在幼虫集中发生初期喷药即可。也可利用性诱剂进行测报，出现诱蛾高峰后即为喷药防控关键期。一般每代幼虫发生期喷药一次即可。常用有效药剂有灭幼脲、氯虫苯甲酰胺、阿维菌素、甲氨基阿维菌素苯甲酸盐、杀铃脲、除虫脲、虱螨脲、甲氧虫酰肼等。在药液中混加有机硅类等农药助剂，可显著提高杀虫效果。

第二章 桃栽培与病虫害防治技术

第一节　建园技术

一、园地选择

桃树具有抗旱不耐涝特性。在园地选择时，首先要考虑排水通畅，如果地下水位高于1米时，需要采取高畦或台田种植，增加土层厚度，并开深沟排水，使水远排，降低地下水位，以利于根系生长。土壤盐碱含量大的地区，应采取降低土壤盐碱量的措施。重茬桃园往往生长发育不良或植株易死亡，其原因较为复杂，多数认为重茬园土壤中残腐根含扁桃苷，水解时产生氢氰酸和苯甲醛，抑制根系生长，杀死新根；也有人认为是老根的周围线虫密度大，危害桃根，根部能分泌扁桃苷酶等，影响新植幼树的根系生长。老桃园砍伐后宜休闲晒垡，种植其他作物，并行深耕，挖穴换土，再种植幼树。在丘陵地种植桃树，应选择坡向，一般南坡日照充足，同时要注意水土保持工作。干旱地区如在西和西南坡面建园，易引起日灼病。

二、园区规划

（一）新建果园规划

百亩以上规模的果园，规划设计前要考察好园地的地形，最好绘出地形图。并调查了解园地的土壤、气候等自然条件,综合分析,然后具体规划设计。在集中连片建园,农户分散经营的情况下,同样要求整体设计,统一规划。避免出现一户一个方案,一园一种模式的错误。

(二) 园地区划

果园在定植前要进行区划,尤其是大面积果园,先划分为若干大区,每个大区再划分若干小区;小面积果园只划分小区即可。一般100亩为一个大区,20亩为一个小区。园地面积200亩以上的建议每个品种要种植50亩以上,选择的品种要错开成熟期,但品种不可分散栽植。

(三) 道路设计

果园的道路主要有干路、支路、小路组成。干路贯穿果区,能通行汽车。支路为主要生产路,能通行小型农用车。小路能通行小型拖拉机、架子车。

(四) 水利系统

蓄水池一般根据荒坡坡面、地形和降水量等情况,建在果园上方。挖掘拦水沟,并在拦水沟的适当处修建蓄水池。引水沟宜设在果园高处,最好用混凝土或石头砌成。

(五) 排水系统

明沟排水需要在地表挖掘一定宽度和深度的排水沟。山地果园,其上方有荒坡或坡面时,由拦水沟、集水沟和总排水沟组成。果园上方无荒坡或坡面时,则由集水沟和总排水沟组成。平地果园,通常由小区内的集水沟、小区间的干沟和果园的总排水沟组成。

(六) 暗管排水

在果园地下埋设管道排水。通常由排水管、干管和主管组成,主要用于平地果园。暗管埋设的深度与排水管的间距,不同的土壤性质、降水量和排水量是不一样的。一般其深度为地下1~1.5米,排水管的间距为10~30米。暗管每段长30~35厘米,口径为15~20厘米,铺设时干管与主管成斜交。管道下面和两旁均需要铺放小卵石或砾石,各管段接口处要留1厘米缝隙,缝隙上面加盖塑料板,管段和塑料板上面也要铺盖砾石,然后填土埋管平整地面。

（七）防风林系统

在果园四周或园内营造林带防御自然灾害,不同地区的果园营造不同的防风林系统。

（八）辅助建筑物

包括管理用房,药械、果品、农用机具等的储藏库,包装场,配药池,畜牧场,积肥场等。

三、栽植技术

（一）品种配置

在1个生产果园中,品种不宜过多,应根据不同用途,确定适宜的早、中、晚熟品种比例。大中城市近郊、游览区、工矿区,人口密集和交通运输方便,对品质的要求也较高,宜栽植不同成熟期的水蜜桃品种,以达到延长供应期的目的。远郊区、中小城市和交通运输条件较差的地方,宜栽植耐储运的水蜜桃或硬肉桃品种,以适应远途运输。罐藏加工品种的种植,则应与各地罐头加工厂的原料基地相结合,根据加工厂的生产能力,安排不同成熟期的黄肉罐桃品种,达到排开供应、延长生产时间的目的。桃品种中多数为自交结实,但也有花粉不育或自交结实能力差的,因此,需要配置授粉品种。

（二）栽植密度

由于桃树喜光性强,栽植距离应考虑树冠的生长发育情况,如桃树在北方反而比在南方生长势旺盛，树冠较大，行向以南北为宜。在我国南方株行距以 4 米×4 米或 4 米×5 米，每亩 40 株或 33 株为宜，山地种植的株行距可适当缩小至 3.2 米×3.2 米，每亩 66 株。北方以 5 米×5 米或 5 米×6 米，每亩 27 株或 22 株为宜。

（三）栽植方法

建园定植前，先根据栽植方式进行规划设计，做出栽植规划图，在地面标明定植位置，然后挖好定植穴。定植穴直径 60 厘米，深 50 厘米，表土与底土分开堆放，每穴将腐熟有机肥料 20 千克，过磷酸钙 0.5 千克，与表土充分拌和后施入穴底，分层踏实，上部再填入 15 厘米左右的熟土，填好后略高于畦面 5~6 厘米，以防雨后下沉凹陷，造成定植过深。

苗木应选用根系好、芽饱满、无病虫害及无机械损伤的健壮苗。先剪短垂直根，修平根系伤口，定植时使接口朝夏季主风向，舒展根系踏实，浇透水。幼苗定植后距地面 60~70 厘米处剪截定干，其高度因品种和生态条件而异。树姿开张品种在肥水条件良好地区定干宜高；直立品种在风大地区定干宜低。剪口下 15~30 厘米为整形带，整形带内要有 5~9 个饱满芽，以便在带内培养主枝。若用芽苗，萌芽前在芽上方 0.1 厘米处剪砧；萌动后及时抹除砧蘖。从萌芽期始至 7 月间，每月浇薄粪水 1~2 次，促进接芽迅速生长。

第二节　果园管理技术

一、土肥水管理

（一）土壤管理

加强桃园土壤管理，可采用以下方法。

（1）幼龄果园采用宽行密植，成龄果园通过修剪、间伐等措施打开行间距，行间进行自然生草或人工种草。自然生草春季可选留夏至草、斑种草等，夏季可选留牛筋草，虎尾草等。人工种草可选用毛叶苕子、苜蓿、鼠尾草等。注意生草前 2 年每亩增施氮肥 12 千克，每年夏季割草 2~3 次，覆盖于树盘内。

（2）行间有机物料覆盖。收集稻壳、秸秆、锯末、树皮、菇渣等有机废弃物，采用微生物菌种腐解处理 15~20 天，于夏季或秋季覆盖到树盘下，厚度 6 厘米以上。

（3）施用微生物发酵有机肥。收集禽畜粪便与秸秆，按 7∶3 的比例（干重）混匀，接种复合微生物发酵菌种，达到完全腐熟，秋季每亩施用 3~5 米^3，条沟法施入。经济条件较好的桃园也可直接施用商品生物有机肥。

（二）果园施肥

1. 基肥

（1）施肥时间。秋施基肥宜在 9—10 月进行，以早施为好，可尽早发挥肥效，有利于树体储藏养分的积累。实验证明，春施基肥对桃的生长结果及花芽形成都不利。

（2）施肥种类。以有机肥为主，配合施用少量复合肥。最好直接追施有机无机复混肥。

（3）施肥方法。在垄上或树盘内离中干 50 厘米左右向外挖 4~6 条放射状沟至树冠外缘的地下，里窄外宽，里浅外深，沟深 15~40 厘米，宽 20~40 厘米（根据肥料的体积决定施肥沟宽度），遇到直径 1.5 厘米以上的粗根尽量不要切断。施入肥料后要和土充分搅拌均匀，覆土后浇水。

2. 追肥

根据果树一年中各个物候期的需肥特点及时补给肥料。

（1）花前肥。2 月下旬至 3 月上旬结合清园（将落叶、杂草等埋入地下）追施蓝得土壤调理剂（有机钙肥）50~75千克/亩和持力硼200克/亩，以满足桃树花期、幼果期需钙、需硼高峰期对硼和钙的吸收利用。施用量要占到全年肥料投入成本的10%左右。

（2）壮果肥。在生理落果后、果实成熟前40天左右进行，以氮、磷为主，钾肥适量。施用量要占到全年肥料投入成本的30%左右。

（3）根外追肥。将肥液喷于叶面，通过叶片的气孔和角质层吸收，但要严格掌握肥液浓度和天气，以阴天为最好，并做到均匀、细致、周到。

3. 水分管理

（1）灌水。灌水要抓住几个关键时期：①发芽前可结合施肥进行灌水；②新梢生长和幼果膨大期只有在特别少雨年份才灌水；③果实膨大期需水较多，但一般正值降雨集中期，除极个别年份外，需注意排涝，以改善土壤供水状况；④夏秋干旱期，中晚熟品种的果实还在继续生长，需要灌水。

（2）排水。要迅速排除土壤积水，做好水土保持工作。

二、树形管理

(一) 常用树形

桃树常用的树形有4种：①一株一干，又名主干形，适用于行株距为3米×1米或2米×1米，亩均222~333株的高密植园；②一株两干，又名"丫"字形，适用于行株距为（3.5~4）米×1米，亩均170株的密植园；③一株三至四干，又名开心形，适用于行株距为4米×3米，亩均55株的稀植园；④一株多干，又名改造形，是栽植多年的稀植园改造而来，能充分利用空间，达到立体结果之目的。这4种树形，都具备各自的特点和优势，在桃园实地操作中，要根据地理条件、管理水平、栽植密度、灵活选择最适宜的树形，以达到高产优质的目的。

（二）修剪时期

1. 休眠期修剪

桃树落叶后到萌芽前均可进行休眠期修剪，但以落叶后至春节前进行为好。黄肉桃类品种幼树易旺长，常推迟到萌芽前进行修剪，以缓和树势，同时还可以防止因早剪而引起花芽受冻害。最晚也要在树液开始流动之前完成，否则会造成养分损失，对桃树萌芽、开花造成不利影响。个别寒冷地区，桃树采取匍匐栽培，需要埋土防寒，应在落叶后及时修剪，然后埋土越冬。在冬季寒冷、春季干旱的地区，幼树易出现抽条现象，应在严寒之前完成修剪。

2. 生长期修剪

生长期修剪可在萌芽后直到停止生长以前进行。在萌芽后至开花前进行的修剪称为花前修剪，如疏枝、短截花枝、枯枝、回缩辅养枝和枝组、调整花、叶、果比例等。夏季修剪是利用抹芽、摘心、剪梢、疏枝、扭梢、折枝等技术，控制无用枝的生长，减少其对养分的消耗，改善通风透光条件，有利于培养优良结构的树形，培养高效的结果枝类型，增进果实的品质。桃树夏季修剪的具体时间、次数以及修剪方法，要根据树龄、生长势、品种特性、栽培方式以及劳力等条件而定。

三、花果管理

（一）疏花疏果

1. 花蕾期疏花、疏蕾

桃树属于开花量大的果树，为防止结果量过多和不必要的树体养分消耗，在花蕾期就要做好疏花和疏蕾的工作。疏花疏蕾时，一般在结果枝的中部保留 5~7 朵花，对于枝条基部、顶部及背上的花蕾可全部疏去。

2. 花期人工辅助授粉

为了提高桃树的坐果率，在花期进行人工辅助授粉是一件必须要做的工作。花粉可从开花早、品质优良、花粉量大的品种中采集，如蟠桃、玉露等品种。授粉最好在开花 3 天以内进行，选择刚开花、黏性较好的花朵授粉为好。授粉时根据果枝的长短也应有所甄选，一般短果枝授 2~3 朵花，中果枝 3~4 朵，长果枝 6~8 朵。

3. 幼果期及时疏果

为了保证果实能够长成大果，在果实形成后，也就是进入硬核期能分清大小的时候，还要进行 2~3 次疏果操作，这样可极大减少裂核和坐果不良情况的发生。疏果时保留果形端正，着生在枝条中部并朝下生长的幼果，可有效防止日灼果的发生。一般短果枝留 1 个果，30 厘米左右的中果枝可留 2 个果，30 厘米以上的长果枝保留 3~4 个果，疏果工作最好在花后 1 个月以内完成。

（二）果实套袋

在桃树盛花期 20 天后，此时幼果已经长成，可进行套袋工作。

1. 选择果袋

目前市面上的果袋较多，质量参差不齐，建议选择桃树专用纸袋。根据品种，如果是不易着色的桃品种，可选择单层浅色果袋；如果是易着色的桃品种，可选择外浅内黑的双层果袋。

2. 套袋前杀菌

为防止果实生长期间发生烂果以及棉铃虫、蚜虫、螨虫等病虫害对果实的危害，在准备套袋前的 1~2 天，要对桃园进行一次全园杀菌，杀菌的药剂可选择的有代森锰锌、甲基硫菌灵、多抗霉素等。

3. 果实套袋

在套袋前，将果袋放在潮湿的地方或用喷雾器轻微将果袋喷湿，让果袋吸水返潮以增加果袋的柔韧性，然后在9—11时或14—17时进行套袋。

套袋时先将幼果上附着的花瓣等杂物清除，然后用手轻轻撑开果袋，保证袋底两角的通气孔处于打开状态，然后向上套入果实，在套袋时要避免叶片和枝条同时装入袋内，由外向内折叠袋口后用扎丝扎紧，保持桃幼果处在果袋中央。

在套袋时还要避免将扎丝缠在果柄上，以免影响养分输送。在套袋时既要讲求快套，还要避免漏套，要求能套袋的果实要全部套袋，一般每亩套袋数量掌握在6 500个左右。

第三节　病虫害防治技术

一、常见病害

（一）桃细菌性穿孔病

1. 主要症状

主要危害叶片，也能侵害果实和枝梢。叶片发病时，初为水渍状小点，后扩大成紫褐色或黑褐色圆形或不规则形病斑，直径2毫米左右，病斑周围有绿色晕环。然后病斑干枯，病健组织交界处发生一圈裂纹，病斑脱落后形成穿孔。枝条受害形成溃疡；果实受害，最初发生褐色小点，以后扩大，颜色较深，中央稍凹陷，病斑边缘呈水渍状。天气潮湿时，病斑出现黄色黏性物。

2. 防治措施

（1）清除侵染菌源。结合修剪和清园，剪除病干、病枝，彻底清除园内的僵果和落叶，集中销毁；清园后，枝干上可喷洒100 倍液的波尔多液（桃树萌芽后禁用铜制剂）。生长季节，及时发现，清除病叶、病果并深埋。

（2）加强栽培管理。适当的增施有机肥和磷、钾肥，减少氮肥施用量，增强树体的抗病能力；做好果园排涝设施，雨后及时排涝，保持园内干燥；适时夏剪，疏除旺长枝条，及时除草，增加果园内的通风透光条件，创造不利于病菌繁殖和侵染的条件。

（3）药剂防治。对于历年发病严重的果园，自病害的初发期开始，及时喷施杀菌剂，保证每次大的降雨时，果实和叶片上都有足够浓度的杀菌剂保护。

（二）桃流胶病

1. 主要症状

桃流胶病是桃树上难治的一种病害，分为侵染性和非侵染性流胶病，侵染性流胶主要危害枝干和果实，非侵染性流胶主要危害主干和主枝丫杈处、小枝条和果实。诱发该病的因素十分复杂，有霜害、冻害、病虫害、土壤黏重、管理粗放、结果过多等原因、引起树体生理失调而导致桃树流胶。流胶病在春季、秋季发生最重。

在树皮或皮裂口处流出淡黄色柔软透明的树脂、树脂凝结，渐变为红褐色，病部稍肿胀，其皮层和木质部变褐腐朽。病株树势衰弱，叶色黄而细小，发病严重时枝干枯死，甚至整株死亡。

2. 防治措施

（1）加强管理。增强树势、增施有机肥，改良土壤，合理修剪，减少枝干伤口。清除被害枝梢，防治蛀食枝干的害虫，预防虫伤，枝干涂白，预防冻害和日光灼伤。

（2）药剂防治。①防治时间：根据流胶病在春季、秋季发生最重的特点，即春季（4—5月）、秋季（9—10月）为防治的关键时期。②药剂种类：430克/升代森锰锌悬浮剂30~60倍液。③防治步骤：先刮除流胶部位病组织，再用棉签或牙刷将稀释成30~60倍液的430克/升代森锰锌悬浮剂涂抹于伤口处，一般为春季、秋季各涂抹2~3次，连防1~2年病部可痊愈。

（三）桃缩叶病

1. 主要症状

主要危害桃树幼嫩部分。春季嫩叶初展时显出波纹状，叶缘向后卷曲，颜色发红。随着叶片生长，卷曲程度加重，叶片增厚发暗，呈红褐色，严重时叶片变形，枝梢枯死。春末夏初在病叶表面长出一层白色粉状物。

2. 防治措施

①早春用3~5波美度石硫合剂消灭越冬菌源，进行保护。②桃芽萌动至露红期，喷50%福美双可湿性粉剂600倍液或5%井冈霉素水剂500倍液。③加强果园管理，初见病叶及时摘除，集中烧毁或深埋。当年的菌源，发病严重的田块，由于大量落叶，应及时施肥、灌水，恢复树势，增强抗病能力。

（四）桃炭疽病

1. 主要症状

桃炭疽病主要危害果，也危害新梢和叶。幼果发病，果面暗褐色，发育停滞，萎缩僵化，经久不落。病菌可经过果梗蔓延到结果枝。果实膨大期发病，果面出现淡褐色水渍状病斑，病斑逐渐扩大，凹陷，表面呈红褐色，生出橘红色小点，即病菌的分生孢子盘，产生大量分生孢子，黏附于病斑表面。近成熟期果实发病，症状与膨大期相像，常数斑融合，病果软腐，大多脱落。新梢受害出现暗褐色长椭圆形病斑，略凹陷，逐渐扩展，致使病梢在当年或翌年春季枯死，有时并向副主枝和主枝蔓延。天气潮湿时，病斑表面也出现橘红色小点。叶片发病后纵卷成筒状。

2. 防治措施

（1）农业防治。清除病枝僵果，减少病菌传染。加强栽培管理，细致夏剪，增强通风透光。

（2）药剂防治。发芽前喷洒1∶1∶240波尔多液，这次喷药是药剂防治的关键。生长期防治，华北地区可在5月、6月、7月的中旬喷施80%福·福锌可湿性粉剂800倍液、70%甲基硫菌灵可湿性粉剂1 000~1 500倍液等药剂。

二、常见虫害

（一）桃蛀螟

1. 主要症状

成虫体长12毫米，翅黄至橙黄色，身体、翅表面多黑斑点似豹纹。幼虫长约22毫米，体色有淡褐、浅灰、暗红等色，腹面多为淡绿色，体表有许多黑褐色突起。初孵幼虫先于果梗、果蒂基部，花芽内吐丝蛀食，蜕皮后蛀入果肉危害。

2. 防治措施

（1）冬季将周围玉米秆残枝落叶及危害部位清除烧毁，消灭越冬幼虫。

（2）药剂种类。50%杀螟硫磷乳油1 000~1 500倍液；3%啶虫脒乳油1 000~1 500倍液。

（二）桃潜叶蛾（吊丝虫）

1. 危害症状

该虫的卵散产在叶表皮内，孵化后在叶肉内潜食呈弯曲隧道，致叶片干枯脱落。据观察，每片叶只要有一个隧道的，叶片必掉，严重者叶片提前脱落，甚至掉光，影响翌年产量。

2. 防治措施

由于该虫世代重叠严重，时有时无，给防治工作带来巨大困难。因此，只有勤查早治，特别是每年的一代（即 4 月上中旬）是查治的关键。但防治的关键适期在每代幼虫和成虫的盛发期（即刚看见隧道时和吊丝的时候），幼虫盛发期至成虫盛发期需 7~10 天，即第 1 次施药后 7~10 天施第 2 次药能达到理想的效果，且防治好一、二代是压低基数的关键。

防治时最好是一个乡镇或一个村组在统一时间内统一用药，避免你防我不防，等于没有防的现象。

药剂种类：①20%吡虫啉可溶液剂 4 000~5 000 倍液；②3%啶虫脒乳油 1 500~2 000 倍液；③2.5%高效氯氟氰菊酯乳油 2 000~3 000 倍液。

(三) 桃桑盾蚧 (桑白蚧)

1. 主要症状

雌成虫橙黄色，宽卵圆形，体表覆盖介壳，灰白色，近圆形，背面隆起。雄成虫体长 0.65~0.7 毫米，橙色。主要通过刺吸式口器在枝条上，吸取汁液，轻则植株生长不良，重者导致枯枝、死树。

2. 防治措施

(1) 秋冬季结合修剪，剪去虫害重的衰弱枝，其余枝条可采用人工刮除越冬成虫，早春桃树发芽以前喷 5 波美度石硫合剂。

(2) 药剂防治。以卵孵期药剂防治效果最好（即壳点变红且周围有小红点时）。可用 25%噻虫嗪水分散粒剂 8 000~10 000 倍液。

(四) 桃蚜 (桃赤蚜、烟蚜、菜蚜)

1. 主要症状

有翅胎生翅蚜头胸部黑色，腹部背面中部有黑斑，腹管细长。无翅胎生雌蚜和若虫呈淡红色或黄绿色。

在嫩梢和叶背以刺吸式门器吸取汁液，使被害叶向背面做不规则的卷曲。

桃蚜一年可发生十几代，以卵在桃树枝梢、腋芽、树皮和小枝权等处越冬，开春桃芽萌动时越冬卵开始孵化，若虫危害桃树的嫩芽，展叶后群集叶片背面危害，吸食叶片汁液。3 月下旬开始孤雌生殖，5—6 月迁移到越夏寄主上，10 月产生的有翅性母迁返桃树，由性母产生性蚜，交尾后，在桃树上产卵越冬。

2. 防治措施

（1）越冬虫量较多的情况下，于桃蚜萌动前喷 3~5 波美度石硫合剂，杀灭越冬卵。

（2）药剂防治：在落花后至秋季，当有虫叶达 5% 时，喷药防治。药剂有 5% 啶虫脒乳油 3 500 倍液。

（五）桃树螨类（红蜘蛛、黄蜘蛛）

1. 主要症状

全爪螨椭圆形，深红色，雄螨较雌螨小，鲜红色，后端较狭呈楔形。若螨与成螨相似、色较淡。

以成螨、若螨、幼螨刺吸叶、果、嫩枝的汁液，以叶为主，被害叶面出现灰白色，黄色失绿斑点，严重时全叶卷白早落，削弱树势常导致落果。

2. 防治措施

（1）加强肥水管理，种植覆盖植物，改变小气候和生物组成，使有利于益螨不利于害螨生存。

（2）保护和利用天敌，捕食螨、草蛉、隐翅虫、花蝽、蜘蛛等，对螨类都有一定控制作用。

（3）药剂防治，当有螨叶率达 5%~10% 时，施药防治。

第三章

梨栽培与病虫害防治技术

第一节 建园技术

一、园地选择

梨树属于比较耐旱、耐涝和耐盐碱的树种，也就是说，梨树栽培的土壤选择比较宽松，沙地、滩地、丘陵山区以及盐碱地和微酸性的土壤梨树都能够生长，但如果进行栽培追求经济效益，选择最适合梨树生长的土壤非常重要，梨树在土层深厚、质地疏松、透气性好的肥沃沙壤土中生长更好。一般来说，平原地要求土地平整、土层深厚肥沃；山地要求土层深度 50 厘米以上，坡度在 5°~10°；盐碱地土壤的含盐量不得超过 0.3%；沙滩地的地下水位要在 1.8 米以上。

二、园区规划

园址选定后，要遵循"因地制宜，节约用地，合理利用，便于管理，园貌整齐，持续发展"的原则对园区进行设计，内容主要包括作业区、道路系统、水利设施、防护林、辅助设施等。

（一）作业区规划

为便于作业管理，面积较大的梨园可划分成若干个小区，同一小区内的土壤质地、地形、小气候应基本一致，以保证同一小区内的管理技术内容和效果的一致性。地势平坦一致时，小区面积可为 50~150 亩。小区以长方形为好，长边与短边按 2∶1 或 5∶（2~3）设计。小区的长边应与主风带垂直，与主林带平行。山地要根据地形、地势等划分小区，小区长边与等高线平行，面积 15~50 亩，划分时要有利于水土保持，防止风害，便于运输和机械化作业。地形条件比较特殊时，小区也可以是正方形、梯形，甚至不规则形状。梨树栽植的行向，坡地沿等高线栽植，平地一般为南北行向。

（二）道路规划

面积较大的梨园，可根据地形、地势划分成若干个作业小区，根据小区设计干路、支路、小路 3 级。干路位置适中，贯穿全园，宽 6~8 米，外与公路连接相通，内与建筑物、支路连接；支路与干路垂直相通，宽 4~6 米；小路与支路连通，宽 2~3 米。对于小型梨园，为了减少非生产用地，可以不设干路和支路，只设环园和园内作业道即可。山丘地梨园，地形复杂多变，干路应环山而行或呈"之"字形，坡度不宜太大，路面内斜 3°~4°，内侧设排灌渠。平地或沙地梨园，为减少道路两侧防护林树荫对梨树的影响，可将道路设在防护林的北侧。盐碱地果园，安排道路应利于排水洗盐。

（三）水利设施规划

采用地下水灌溉的梨园，平原应每 100 亩打一口井，水井应打在小区的高地，平地应打在小区的中心位置。无论采用哪种水源，都需修建灌溉系统，其规划可与道路、防护林带建设相结合。从水源开始灌溉系统分为干渠、支渠和毛渠，逐级将水引到梨树行间和株间。山地果园的排水与蓄水池相结合，蓄水池应设在高处，以方便较大面积的自流灌溉。地下水位高、雨季可能发生涝灾的低洼地、盐碱地必须规划设计排水系统。排水系统分为明沟排水和暗沟排水2种。排水沟顺行开放，直通支渠，再汇集导入干渠。除了常规的地面灌溉方式，有条件的地区还可采用喷灌、滴灌或渗灌的方式。

（四）防护林规划

防护林一般包括主林带和副林带，有效防护范围为林木高度的15~20倍。山地主林带应设在果园上部或分水岭等高处。沿海和风沙大的地区应设副林带和折风带，林带应加密，带距也应缩小。主林带应与当地主风向垂直，主林带间距400~600米，植树5~8行。副林带与主林带垂直形成长方形林网，植树2~3行。

（五）辅助设施规划

梨园规划除了要考虑上述因素，还要考虑生产生活用房、粪池、果实分级、预储场地、储藏保鲜设施及各种辅助设施等项目，以便于果品的储藏。

三、栽植技术

（一）选择良种

不同品种的梨树对环境气候要求不同，因此，要选择适宜当地气候栽培的优良的早熟、中熟或晚熟品种。

（二）授粉树配置

大多数的梨品种不能自花结果或自花坐果率很低，生产中配置适宜的授粉树是省工高效的重要手段。授粉品种必须具备如下条件：①与主栽品种花期一致；②花量大，花粉多，与主栽品种授粉亲和力强；③最好能与主栽品种互相授粉；④本身具有较高的经济价值。一个果园内最好配置2个授粉品种，以防止授粉品种出现小年时花量不足。主栽品种与授粉树比例一般为（4~5）：1。

（三）栽植准备

1. 栽植前准备

栽植前，根据栽植计划确定需要的苗木品种、数量。购苗应选择信誉好，品种质量有保障，正规的育苗单位或科研单位，购苗尽量在当地或就近，避免长途运输带来的损伤，还需对苗木进行检疫。栽植前核对、登记苗木，并对根系进行修剪，剪平伤口，去掉多余的分枝；将苗木在水中浸泡 12~24 小时，使根系吸足水分后再进行栽植。

2. 挖栽植穴及回填

根据果园规划设计的栽植方式和株行距，在地面上标定好栽植点。挖栽植坑时应以栽植点为中心，挖成圆形或方形的栽植坑，挖坑时将其中石头全部挖出，并用表土回填。挖坑时表土和底土要有规律地分开放置，并将坑底翻松。栽植坑的长、宽、深均应在 0.8~1.0 米。在土壤条件差的地方，栽植穴也可提前挖出，秋栽夏挖，春栽秋挖，以使穴底层的土壤能得到充分熟化，有利于苗木根系的生长。栽植坑回填时，先在坑底隔层填入有机物和表土，厚度各 10 厘米，有机物可利用秸秆、杂草或落叶。将其余表土和有机肥及过磷酸钙或磷酸二铵混合后填入坑的中部，近地面时也填入表土，挖出来的表土不够时可从行间取表土，将挖出来的底土撒向行间摊平。施入充分腐熟的有机肥（人粪尿、圈肥、鸡粪、羊粪等）、过磷酸钙或磷酸二铵。回填时要逐层踩实，灌水使坑土沉实，防止浇水后下沉过多，影响苗木的生长。

（四）栽植时间

梨苗栽植有春栽和秋栽。秋栽在梨树落叶期到土壤上冻前进行。一般秋天雨水多、土壤墒情好、地温高的南方地区采用秋栽较多。秋栽有利于根系伤口愈合和促进新根生长。

（五）栽植方法

栽树时按品种分布发放苗木。栽植前将回填沉实的栽植穴底部堆成馒头形，踩实，一般距地面25厘米左右，然后将苗木放于坑内正中央，舒展根系。扶正苗木，使其横竖成行，嫁接口朝向迎风面，随后填入取自周围的表土并轻轻提苗，以保证根系舒展并与土壤密接，然后用土封坑，踏实。

（六）栽植后的管理

1. 浇水及覆膜

春季定植灌水后，立即覆盖地膜。土壤干旱后要及时浇水和松土。秋季栽植后要在苗木基部埋土堆防寒。

2. 定干

栽后应立即定干，以减少水分蒸腾，防止抽条。

3. 剪萌

苗木发芽后，要及时去掉苗木下部的萌芽。

4. 补栽

春季应检查苗木成活情况，发现死苗可在雨季带土移栽补苗。

5. 追肥

在6月上旬应每株追施尿素100~150克；7月下旬追施磷肥和钾肥，喷洒0.3%的尿素于叶面；8—9月喷施0.3%~0.5%磷酸二氢钾于叶面，全年叶面喷肥4~5次。

第二节　果园管理技术

一、土肥水管理

（一）土壤管理

土壤管理主要有深翻改土和覆盖树盘。

对梨园进行深翻改土，增加土壤通透性，以利于根系呼吸。时间是梨果采收后至落叶前为宜。深度 30~40 厘米，并结合施入秸秆、杂草、落叶、有机肥等。用秸秆、杂草覆盖树盘，防止水土流失，抗旱保墒，增加土壤有机质含量。

（二）科学施肥

梨园的土壤一般缺氮，其次是缺磷和一些微量元素。此外，施肥管理应根据树龄的不同时期和每个时期的不同生长特点进行。梨树的前期生长阶段是发芽，毛发分枝，叶片蔓延，开花和坐果的时期。在此期间，氮肥的量需要很大。这时，应加强氮肥的施用。结果期是施肥的重要时期，所需的肥料量很大。

（三）灌溉和排水

1. 灌溉时间

（1）花前水：在 3 月下旬进行。

（2）花后水：在 4 月下旬或 5 月上中旬进行。

（3）果实膨大水：在 6—7 月进行。此阶段是果实迅速膨大期，也是梨树需水量最大的时期，此时往往天旱，要特别注意灌溉。

（4）采后补水：9 月下旬或 10 月上旬进行。

2. 及时排水

梨树虽较耐涝，但长期淹水会造成土壤缺氧，并产生有毒物质，容易发生烂根和早落叶，严重时枝条枯死。因此，梨园应设置完善的排水系统，及时防洪排涝。

二、树形管理

（一）梨树常用树形

我国梨树栽培区常见到的树形有多主干自然圆头形、多主干开心形和疏散分层形。多主干自然圆头形在华北各地常见，其树冠结构为主干比较高，没有中央领导干，在主干顶部有 5~6 个大主枝，向周围开展，各个主枝自然斜向伸展，在主枝的旁侧再形成二级、三级枝条，整个树冠为稍下垂形。多主干开心形树冠结构为主干比较矮，有主枝 3~4 个，斜立向外，斜开角度为30°~40°，这就构成树冠的骨干枝；在骨干枝上再向外生长二级侧枝，通常为水平向外错落伸展共有 3~4 层，就构成一个空心的半圆形。疏散分层形通常在新建立的梨树果园采用。树冠结构为主干低，有中央领导干，以干为轴，有主枝 4~5 层；第 1 层主枝 3~4 个，第 2 层 2 个，以上各 1 个；每层间距离，下层比较多，向上逐渐变小；在各主枝上再生长二级、三级枝条。

（二）不同时期的修剪

1. 幼树和初结果期树修剪

幼树和初结果期树枝条直立生长，开张角度小，往往抱合生长，易产生"夹皮角"。因此，梨幼树和初结果期树修剪的主要任务是迅速扩大树冠，注意开张枝条角度、缓和极性和生长势，形成较多的短枝，达到早成形、早结果、早丰产的目的。

2. 盛果期树修剪

盛果期梨树修剪的主要任务是调节生长和结果之间的平衡关系，保持中庸健壮树势，维持树冠结构与枝组健壮，实现高产稳产。

3. 衰老期树修剪

当产量降至不足 15 000 千克/公顷时，对梨树进行更新复壮。每年更新 1~2 个大枝，3 年更新完毕，同时做好小枝的更新。梨树潜伏芽寿命长，当发现树势开始衰弱时，要及时在主枝、侧枝前端二年生和三年生枝段部位，选择角度较小，长势比较健壮的背上枝，作为主枝、侧枝的延长枝头，把原延长枝头去除。如果树势已经严重衰弱，选择着生部位适宜的徒长枝，通过短截，促进生长，用于代替部分骨干枝。如果树势衰老到已无更新价值时，要及时进行全园更新。对衰老树的更新修剪，必须与增加肥水相结合，加强病虫害防治，减少花芽量，以恢复树势，稳定树冠和维持一定的产量。

三、花果管理

(一) 人工授粉

人工辅助授粉不仅可以有效地提高坐果率，达到丰产稳产，而且能使幼果生长快、果实个大、果形端正。点授工具可用毛笔、带橡皮头的铅笔和纸棒等，其中带橡皮头的铅笔最为经济和简便，点授时用橡皮头的尖端蘸取少量花粉，在花的柱头上轻轻一点即可，每蘸一次花粉可点授花朵 5~7 个。

(二) 疏花管理

疏花在花蕾分离期至落花前进行，当花蕾分离能与果台枝分开时，按留果标准每果留一个花序，将其余过密的花序疏掉，保留果台。凡疏花的果枝应将一个花序上的花朵全部疏除，这样发出的果台枝在营养条件较好的情况下，当年就可形成花芽。疏花时，用手轻轻摘掉花蕾，不要将果台芽一同摘掉。应先疏去衰弱和病虫危害的花序，以及坐果部位不合理的花序，对于需要发出健壮枝条的花芽，如目伤部位枝条的顶花芽，应及时将花蕾疏除。

(三) 疏果管理

为了保证梨树适量地坐果，一般在盛花后 4 周开始疏果，疏果时，根据留果量的多少分 1~3 次，将病虫果、畸形果、小果和圆形果疏除，将大果、长形果和端正果留下。疏果时用疏果剪或剪刀在果柄处将果实剪掉，切勿碰预留果。通常在一个花序上自下而上的第 2 至第 4 序位的果实纵径较长，每个花序留 1 个果。若花芽量不足，可留双果。

（四）果实套袋

套袋一般在落花后 20 ~ 35 天进行，在晨露未干、傍晚返潮和中午高温、阳光最强时不宜套袋；在雨天、雾天也不宜套袋。套袋前 5 ~ 7 天，应喷一次杀虫剂和杀菌剂，可用 1 500 倍液 60% 唑醚·代森联水分散粒剂 + 750 倍液 5% 高氯·吡虫啉乳油或 2 000 倍液 325 克/升苯甲·嘧菌酯悬浮剂 + 1 500 倍液 5% 高效氯氟氰菊酯乳油，防治黑星病、红蜘蛛、梨木虱、黄粉蚜等。套袋时，先撑开袋口，托起袋底使两底角的通气和放水口张开，袋体膨起，手握袋口下 2 ~ 3 厘米处套上果实后，从中间向两侧依次按折扇的方式折叠袋口，从袋口上方连接点处，将捆扎丝反转 90°角，沿袋口旋转一周扎紧袋口，并将果柄封在中间，使袋口缠绕在果柄上。

第三节　病虫害防治技术

一、常见病害

（一）梨黑星病

梨黑星病又名疮痂病，在我国梨产区发生普遍，是梨树的一种主要病害。

1. 主要症状

黑星病可危害果实、果梗、叶片、叶柄、新梢和芽鳞等部位。梨树受害后，病部形成明显的黑色霉斑，这是该病的主要特征。

2. 防治措施

（1）清除侵染菌源。梨树落叶后至发芽前，彻底清扫落叶，梨树萌芽后及时查找摘除病梢，清除初侵染菌源。

（2）5—6月防治。对历年黑星病发病严重的果园，在梨树落花后的5~10天，5月中下旬和6月上中旬，随其他病害的防治，喷药3次。喷药前的10天内若有降雨，以内吸治疗剂为主；若无降雨，以保护性杀菌剂为主。三唑类杀菌剂，如氟硅唑、苯醚甲环唑、戊唑醇等，对梨黑星病都有较为理想的内吸治疗效果。

（3）7—8月防治。随其他病害喷药防治，雨季前以保护剂为主，保护剂与内吸治疗剂交替使用。8月中下旬，果实成熟前，喷洒一次内吸治疗剂。

（二）梨锈病

梨锈病又名赤星病、羊胡子病等，主要发生于附近有圆柏栽培的梨园。

1. 主要症状

梨锈病主要危害叶片和新梢，严重时也能危害幼果。叶片受害时，在叶正面产生有光泽的橙黄色的病斑，病斑边缘淡黄色，中部橙黄色，表面密生橙黄色小粒点，天气潮湿时，其上溢出淡黄色黏液，干燥后，小粒点变为黑色，病斑变厚，叶正面稍凹陷，叶背面则隆起，此后从叶背隆起的病斑处长出淡黄色毛状物，这是识别本病的主要特征。新梢和幼果染病也同样产生毛状物，病斑以后凹陷，幼果脱落。新梢上的病斑处常发生龟裂，并易折断。

2. 防治措施

砍除梨园附近的圆柏，以断绝病菌来源，或于早春对圆柏喷1~2次3~5波美度石硫合剂，以减少或抑制病源。梨树上发现有锈病发生时，应在开花前、谢花末期和幼果期喷药保护。常用药剂有25%三唑酮可湿性粉剂1 500倍液、倍量式波尔多液200

倍液、30%碱式硫酸铜悬浮剂300~500倍液或80%代森锰锌可湿性粉剂800倍液等。

(三) 梨黑斑病

1. 主要症状

主要危害果实、叶片及新梢。幼嫩的叶片最早发病,开始出现小黑斑,近圆形或不整形,后逐渐扩大,潮湿时出现黑色霉层,即为病菌的分生孢子梗及分生孢子。叶片上病斑多时合并为不规则的大斑,引起早期落叶。幼果受害,在果面上产生漆黑色圆形病斑,病斑逐渐扩大凹陷,并长出黑霉,后病斑处龟裂,裂缝可深达果心,有时裂口纵横交错,并在裂缝内产生黑霉,病果易脱落。新梢受害,病斑早期黑色、椭圆形或梭形,后病斑干枯凹陷,淡褐色,龟裂翘起。

2. 防治措施

清除枯枝落叶、病果,并结合冬剪,剪除有病枝梢,集中烧毁。加强栽培管理,增施有机肥。防止梨树坐果太多,同时避免偏施氮肥、枝梢徒长及园内积水。果实套袋保护,早期发现病叶、病果及时摘除。喷药保护,发芽前喷5波美度石硫合剂。套袋前必须喷药。可选用50%多菌灵可湿性粉剂600倍液、75%百菌清可湿性粉剂800倍液等。

(四) 梨干枯病

1. 主要症状

苗木受害时,在茎基部表面产生椭圆形、梭形或不规则形状的红褐色水渍状病斑。病斑逐渐凹陷,病健交界处产生裂缝,并在病斑表面密生黑色小粒点,即病菌的分生孢子器。病斑围茎1/2以上时,上部逐渐枯死,刮风时易折断。

2. 防治措施

选择健壮苗木定植,加强栽后管理,促使苗壮而不疯长。加强结果树肥水管理结果适量，壮树抗病。新栽幼树在病斑上用刀深刻至木质部，涂抹 1.8%辛菌胺醋酸盐水剂 100 倍液、2.12%腐植酸·铜水剂 10 倍液。冬前涂波尔多液保护。

（五）梨白粉病

梨白粉病除危害梨外，还可危害核桃、板栗、柿子等。

1. 主要症状

主要发生于老叶。初在叶背面产生白色粉状霉斑，严重时布满叶片，相应的叶正面形成近圆形黄色病斑。后期在霉斑上产生黄褐色至黑色的小粒点，即病菌的闭囊壳。病害严重时可造成早期落叶。有时也能危害嫩梢，病梢表面覆盖白粉。

2. 防治措施

结合冬季修剪剪除病枝、病芽和病梢，连同园内落叶集中烧毁或深埋。梨树发芽前喷 3~5 波美度石硫合剂，铲除越冬病源。加强栽培管理，合理密植，增施有机肥，避免偏施氮肥，疏除过密枝条。发病初期开始喷药，药剂可选用：硫磺、嘧啶核苷类抗生素、腈菌唑、甲基硫菌灵、三唑酮等。

二、常见虫害

（一）梨大食心虫

鳞翅目螟蛾科，简称梨大，俗称吊死鬼。

1. 主要症状

主要危害梨果和梨芽。越冬幼虫从花芽基部蛀入，直达花轴髓部，虫孔外有以丝缀连的细小虫粪，被害芽干瘪。越冬后的幼虫转芽危害，芽基留有蛀孔，鳞片被虫丝缀连不易脱落，可以此识别。花序分离期危害花序，被害严重时，整个花序全部凋萎。幼果被害干缩变黑，果柄被虫丝缠于果台，悬挂在枝上，经久不落，故称为吊死鬼。

2. 防治措施

冬季修剪时剪除被害芽。鳞片脱落期用木棍敲打梨枝，鳞片振而不落的即为被害芽，应及时掰去。5 月中旬以前彻底摘除虫果。由于幼虫转果时间不整齐，应连续摘虫果 2~3 次，并在成虫羽化以前全部摘完。药剂防治。越冬幼虫出蛰转芽期，施用 20%氰戊菊酯乳油 2 500 倍液或 2.5%高效氯氟氰菊酯乳油 4 000 倍液，此期是全年药剂防治的关键时期；在转果期可喷洒 25 克/升溴氰菊酯乳油 2 500 倍液，此次喷药，防治效果不如转芽期高，只是弥补转芽期防治的不足，如转芽期防治得好，这时可不必再施药。在二代成虫产卵期，必要时可喷洒菊酯类杀虫剂防治。

（二）梨小食心虫

简称梨小。属鳞翅目小卷叶蛾科。

1. 主要症状

主要危害梨、桃、苹果，在桃和梨混栽的梨园受害较重。前期危害桃、杏、李的嫩梢，多从新梢顶端第 2、第 3 片叶的叶柄基部蛀入，在髓部向下蛀食，被害梢端部凋萎、下垂、受害部流出胶液。后期蛀食果实，多从梗洼或萼洼蛀入，入果孔周围变黑腐烂，呈"黑膏药"状，内有虫粪，蛀道直达果心，果形不变。

2. 防治措施

建园时，尽量避免将桃树和梨树混栽，以杜绝梨小食心虫交替危害。做好清园工作。在冬季或早春刮掉树上的老皮，集中烧毁，消灭其中隐藏的越冬幼虫。秋季越冬幼虫脱果前，可在树枝、树干上绑草把，诱集越冬幼虫，翌年春季出蛰前取下草把烧毁。果园内设置黑光灯或挂糖醋罐诱杀成虫，糖醋液的比例是红糖 5 份、酒 5 份、醋 20 份、水 80 份。用性诱捕器和农药诱杀。一般每亩地挂 15 个性诱捕器，虫口密度高时，要先喷一次长效杀虫剂后再挂。药剂防治，在成虫高峰期及时用药，药剂可用 5%的阿维菌素乳油 5 000 倍液或 25%阿维·哒螨灵悬浮剂 3 000 倍液等。

（三）梨黄粉蚜

同翅目根瘤蚜科，又名黄粉虫，俗名膏药顶、黑屁股等，寄主只有梨。

1. 主要症状

成虫、若虫常群集在果实的萼洼部位刺吸汁液，被害部不久变为褐色或黑色，故称为膏药顶。果面上虫量大时，能看到一堆堆的黄粉。也可危害新梢。

2. 防治措施

早春认真刮除树体上的粗皮、翘皮及附属物，以清除越冬虫卵；梨树发芽前，树体喷洒 3～5 波美度石硫合剂杀灭虫卵。花前及麦收前后，喷 0.2 波美度石硫合剂，并添加 0.3%洗衣粉，以增加黏着性。套袋果应切实做好套袋前的药剂防治。对于非套袋果，梨黄粉虫害果期喷药的重点是果实的萼洼处。可选用 10% 吡虫啉可湿性粉剂 8 000～10 000 倍液、1.8%阿维菌素乳油 5 000 倍液等。

（四）梨二叉蚜

梨二叉蚜又名梨蚜、卷叶蚜，属同翅目蚜虫科。

1. 主要症状

成虫常群集在芽、叶、嫩梢和茎上吸食汁液，以枝梢顶端的嫩叶受害最重。受害叶片不能伸展，由两侧向正面纵卷成筒状，影响光合作用，并引起早期脱落，影响花芽分化与产量，削弱树势。

2. 防治措施

在发生数量不大的情况下，摘除被害卷叶，集中处理消灭蚜虫。梨花芽膨大露绿至开裂以前，至少在卷叶以前是防治的关键时期，卷叶后施药效果很差。可喷洒 10%吡虫啉可湿性粉剂 5 000 倍液、25 克/升溴氰菊酯乳油 2 500 倍液、20%氰戊菊酯乳油 2 500 倍液、3%啶虫脒乳油 2 000 倍液等。保护和引放天敌，如瓢虫、草蛉、食蚜蝇等。

（五）梨木虱

同翅目木虱科。

1. 主要症状

成虫、若虫多集中于新梢、叶柄危害，夏秋多在叶背取食。若虫在叶片上分泌大量黏液，这些黏液可将相邻两张叶片黏合在一起，若虫则隐藏在中间危害，并可诱发煤烟病等。若虫大量发生时，大部分钻到蚜虫及瘿螨造成的卷叶内危害，危害严重时，全叶变成褐色，引起早期落叶。

2. 防治措施

冬季刮除枝干粗皮，清扫落叶，消灭越冬成虫。3 月中旬越冬成虫出蛰盛期喷药，可选用 1.8%阿维菌素乳油 2 000~3 000 倍液、5%阿维菌素乳油 5 000 倍液等。在一代若虫发生期（约谢花 3/4 时），二代卵孵化盛期（5 月中下旬）可选用的药剂有 10%吡虫啉可湿性粉剂 3 000 倍液、1.8%阿维菌素乳油 3 000 倍液等。

（六）茶翅蝽

又名臭椿象，俗称臭大姐，属半翅目蝽科。分布较广，可危害梨、苹果、桃、李、杏等多种果树及多种农作物和蔬菜。

1. 主要症状

以成虫和若虫危害叶片、嫩梢和果实，刺吸它们的汁液。正在生长的果实被害后，呈凹凸不平的畸形状，俗称疙瘩梨，受害处变硬味苦，对产品外观、内在质量影响很大。

2. 防治措施

人工防治：成虫寻找越冬场所期进行捕捉，实行果实套袋。化学防治：在若虫期进行药剂防治效果好，可选用敌百虫、敌敌畏、毒死蜱、菊酯类等进行树上喷雾。

第四章　杏栽培与病虫害防治技术

第一节　建园技术

一、园地选择

杏喜光、抗旱、抗寒、耐瘠薄适应性很强，根据杏树的弱点选择园地时应注意以下几点。

（1）不在晚霜频繁发生的地方建园。由于杏花期早极易遭受晚霜的危害而造成严重减产，因此，应避免在易发生霜冻的地点建园。

（2）不在低洼易涝地、黏重地和地下水位过高的地方建园。杏树不耐涝怕水淹，土壤积水时易烂根，因此，最好在通气排水良好的沙壤土上建园。

（3）不在核果类重茬地上建园。栽植过桃、杏、李等核果类果树的土地上，土壤中有大量的有毒物质和病虫，如再建园会导致树体生长发育不良。

二、园区规划

园地选好后在大片的园地要进行细致的测量规划，包括防护林的规划设计、果园小区及道路的规划设计、果园排灌系统的规划设计、果树品种以及授粉树的配置等。

三、栽植技术

（一）壮苗准备

要求苗木根系发达、完整、无劈裂，主根长度在 20 厘米以上，侧根 3~4 条，长度在 15 厘米以上，须根要多，接口愈合良好，茎干组织充实、粗壮，苗高 100 厘米以上，茎基 1 厘米以上，在整形带内有健壮饱满芽 8 个以上。最主要的是无检疫对象，无严重的机械伤和病虫害。

（二）苗木处理

栽前将苗木过长根、劈裂根及烂根剪除露出新茬，然后把苗木根系用清水浸泡 12 小时，苗木吸足水后用 50~100 毫克/升的生根粉溶液浸根 3~5 秒提高苗木成活率。

（三）栽植时期

由于秋栽易发生冻害，春栽成活率高。时间为 3 月下旬至 4 月上旬，即土壤化冻后至苗木发芽前进行。

（四）栽植方法

按设计要求和测出的定植点挖坑或沟，规格为长、宽、深不小于 80 厘米，把表土与充分腐熟的有机肥混匀，填入坑内至地表 30 厘米处，然后再填入表土至地表 20 厘米处，踩实后灌水，水渗下后栽植。栽植深度以浇水后苗木根茎与地面相平即可，过深则影响苗木生长。栽植时要求根系自然舒展，苗木直立。栽后灌水，水渗下后覆盖一块 1 米^2 的地膜以保湿和提高地温。

第二节　果园管理技术

一、土肥水管理

（一）土壤管理

1. 中耕除草

在雨后或浇水后为保墒和抑制杂草生长，要及时中耕，一般中耕深度为 15 厘米左右。秋季为增加土壤的通透性和防治在土壤中越冬的病虫可适当深翻，一般为 30 厘米左右。

2. 土壤覆盖

为保墒、抑制杂草生长和提高果园土壤肥力，幼龄杏树行间可种植绿肥，定期割下后覆盖在树盘内，也可以把作物的秸秆适当粉碎后覆盖在杏园内，厚度 15 厘米左右，腐烂后结合秋季深翻，埋入土中。

（二）施肥

1. 秋施基肥

从栽后第 2 年起，每年 8 月底至 9 月初围绕树穴向外挖深宽各 50 厘米的环状沟，把充分腐熟好的优质有机肥加适量氮磷钾复混肥和土混匀施入沟内。幼树和初结果树每年每公顷施基肥 50 米^3 以上，盛果期树施基肥 90 米^3 以上。

2. 土壤追肥

全年 3 次，萌芽前、5 月底和果实采收后，以氮磷钾复混肥为主。早熟杏 5 月底不进行追肥，以免推迟成熟期。重点放在果实采收后和秋施基肥上。追肥的施用量，从定植当年开始每年每公顷施纯氮 45 千克，折合成尿素 100 千克，五氧化二磷 20 千克，折合成过磷酸钙 150 千克，氧化钾 40 千克，以后每年每公顷各增加一倍。进入盛果期后，每年每公顷稳定在纯氮 300 千克，五氧化二磷 140 千克，氧化钾 280 千克。追肥方法为围绕树冠投影的最外围即吸收根集中分布区，挖 20~30 个 30 厘米深的穴，将肥料均匀的放入穴内盖严。

3. 叶面喷肥

早春发芽前，喷 3%~5% 的尿素一次，可弥补树体储藏营养不足，促进萌芽开花和新梢生长；展叶后喷 0.3% 的尿素加其他多营养叶面肥 2~3 次，每 10 天一次，可有效促进幼叶生长；落花后半个月喷 0.3% 的尿素以促进枝叶和果实生长；对于大果型和易裂果的品种可在落花后 1 个月内喷 2 次高能钙，间隔 15 天。果实采收之后叶面喷施氮磷钾肥 3 次，每次间隔 15 天以上。对有黄叶病或小叶病的果园可喷施含铁或含锌的叶面肥。叶面喷肥的最佳时间是在每天 16 时以后，喷施时以叶子背面为主，易于吸收。

（三）浇水

追肥后要及时灌水，但对极早熟品种前期要控制灌水，尤其是果实成熟前，如果不是特别干旱一般不要灌水，以免推迟成熟，果实采收后要及时施肥灌水。生长后期要控制水分，尤其雨季要注意排水，使树体及早停长，土壤封冻前要灌封冻水，提高树体抵抗力。

二、树形管理

（一）常见树形

杏树为喜光树种，对杏树进行整形修剪以能够充分利用光能、早结果、早丰产、果实品质好、易管理为目的。因此，采取的树形主要为延迟开心形、自然开心形和纺锤形。

（二）不同时期的修剪

1. 幼树期的修剪

主要围绕整形和结果 2 个方面，主侧枝要轻剪长放，一般留全枝的 2/3 进行短截，对于发育枝应该缓放，增加结果枝的数量，成花或结果后要回缩培养成结果枝组，生长势头弱，病枝都要全部剪除，留下强壮的枝条。

2. 盛果期的修剪

盛果期的果树修剪主要围绕保持果树树形和增加结果枝数量，可以进行疏密、截弱，保持和稳定已经形成的结果枝组，培养多年生的辅养枝，结果枝和下垂枝，对强壮的树枝进行回剪，恢复生长势头。

3. 衰老期的修剪

衰老期的果树生长萌芽的能力弱，要培养结果枝和骨干枝比较难，本着"去弱留强"的原则，在加强水肥的管理下，对主枝和侧枝进行大更新，通过夏季抹芽、摘心和冬季修剪，第 2 年可以正常开花结果恢复一定的产量。

三、花果管理

（一）预防霜冻

1. 熏烟

在杏园内每 20 米堆一堆作物秸秆、锯末等能产生大量烟雾的燃烧物，为使其能大量发烟并防止出现明火，每堆秸秆上要薄薄地盖上一层潮土，在预报有霜冻发生的凌晨 3 时左右点燃，能有效地降低霜冻的危害。

2. 树体喷肥

初花期和盛花末期全树各喷施一次 0.3% 的尿素加上 0.3% 的硼砂，不仅能有效地提高坐果率，而且可以预防霜冻。

3. 推迟花期

在霜冻发生较频繁的地区，萌芽前杏园灌一次透水可推迟花期 3 天左右；冬季对树干和大枝涂白，萌芽前全树细致喷施 5 波美度石硫合剂，既可预防霜冻又可防病虫。

（二）杏园放蜂

杏树是虫媒花，依靠蜜蜂等昆虫进行传粉，由于在自然条件下蜂源很少，因此，必须在花期人工放蜂，一般每公顷放 2 箱蜜蜂，于开花前 2 天放入杏园中间。近几年人工驯化出的角额壁蜂无论从授粉效率还是授粉质量都优于蜜蜂，而且经济实惠，是代替蜜蜂授粉的首选蜂源，一般每公顷放 1 500 头左右，在杏树开花前 7 天放入园内，每间隔 25 米放 100 头。在不具备放蜂授粉的杏园，对于自花结实率较低的品种可人工辅助授粉以提高坐果率。

（三）疏果

为提高杏果质量和平衡负载杏树必须进行疏花疏果，但由于大多数杏花中不完全花比例高，以花定果不易掌握，因此，杏树多不疏花而疏果，疏果在时间上要强调"早"，即在落花后半个月进行疏果，半个月内疏完，严禁不定期陆续疏果，甚至直到果实近成熟期仍在疏果。疏果在程度上要强调"严"，先疏去病虫果、伤残果、畸形果和发育不良的小果，然后再根据用途、果型大小和枝条壮弱决定留果量。一般鲜食大型果每 10 厘米留 1 个果，中小型果每 5 厘米留 1 个果，一定要留单果，留果型端正的大果。用于加工的品种可适当多留。

第三节　病虫害防治技术

一、常见病害

（一）杏褐腐病

1. 主要症状

杏褐腐病主要危害果实，也侵染花和叶片，果实从幼果到成熟期均可感病。发病初期果面出现褐色圆形病斑稍凹陷，病斑扩展迅速，变软腐烂。后期病斑表面产生黄褐色绒状颗粒，呈轮纹状排列，病果多早期脱落。

2. 防治措施

（1）人工防治。合理修剪，适时夏剪，改善园内光照条件，冬季清理病果落叶，集中烧毁，消灭病源。

（2）药剂防治。杏树芽萌动前，喷4~5波美度石硫合剂或1：1：100波尔多液，杏落花后立即喷80%代森锰锌可湿性粉剂800倍液，以后每10~14天喷一次50%多菌灵可湿性粉剂600倍液、70%甲基硫菌灵可湿性粉剂600~800倍液或75%百菌清可湿性粉剂500~600倍液。

（二）杏疮痂病

1. 主要症状

病菌主要危害果实和新梢，幼果发病快而重，染病果多在肩部产生淡褐色圆形斑点，直径2~3毫米，病斑后期变为紫褐色，表皮木栓化，发病严重时常多个小病斑连成一片，但深入果肉较浅。新梢上的病斑褐色，椭圆形，稍隆起，常发生流胶。

2. 防治措施

参照杏褐腐病。

（三）杏瘤病

1. 主要症状

此病发生于新梢、叶片、花和果实上。一般于落花后新梢长达 15 厘米以上时病状初显。受害嫩梢伸长迟缓，初呈暗红色，后变为黄绿色，上生黄褐色微突起小点，病梢易干枯，其上所结果实滞育并干缩、脱落或悬于枝上。

2. 防治措施

当梢、叶初显病状时及时剪除，并集中烧毁，如此连续 2~3 年，可基本控制。

（四）杏细菌性穿孔病

1. 主要症状

该病主要危害叶片，也危害果实和新梢。叶片受害后，病斑初期为水渍状小点，以后扩大成圆形或不规则形病斑，直径约 2 毫米，周围似水渍状，略带黄绿色晕环，空气湿润时，病斑背面有黄色菌脓，病健组织交界处发生一圈裂纹，病死组织干枯脱落，形成穿孔。

2. 防治措施

（1）多施有机肥，合理修剪，使果园通风透光。

（2）结合冬剪剪除树上病枯枝。

（3）杏树发芽前，全树喷 3~5 波美度石硫合剂、1∶1∶100 波尔多液或 50%福美双可湿性粉剂 100 倍液，铲除在枝溃疡部越冬病源；生长季节，从小杏脱萼期开始，每隔 10 天喷一次硫酸锌石灰液（硫酸锌 1 份，石灰 4 份，水 240 份）、70%代森锰锌可湿性粉剂 700 倍液或 65%代森锌可湿性粉剂 500 倍液。

二、常见虫害

（一）杏仁蜂

1. 主要症状

果实成熟前幼虫蛀害杏果，引起早落。

2. 防治措施

（1）及时拾落果，并深埋。

（2）5 月杏果如豆粒大时，喷 2 500 倍液 2.5%溴氰菊酯乳油或 20%氰戊菊酯乳油，时值幼虫产卵期，效果良好。

（二）杏象甲

1. 主要症状

4—6 月成虫食害嫩芽和花蕾，落花后产卵，危害果实。

2. 防治措施

（1）开花期人工捕捉成虫。

（2）勤拾落果，并及时毁灭。

（3）早春发芽前越冬幼虫出土期，可用 5%辛硫磷粉剂 5~8 千克/亩直接在树冠下施于土中。成虫羽化期，树体选择喷洒下列药剂：50%辛硫磷乳油 1 000~1 500 倍液、50%敌敌畏乳油 500~800 倍液、20%甲氰菊酯乳油 2 000~3 000 倍液、2.5%溴氰菊酯乳油 2 000~2 500 倍液、2.5%高效氯氟氰菊酯乳油 1 500~2 000 倍液，每 7~10 天喷一次，共喷 2 次。

（三）杏球坚介壳虫

1. 主要症状

一年发生一代，以若虫在枝条粗糙皮部越冬，4 月开始吸食枝梢汁液，严重时整枝枯死。

2. 防治措施

（1）5 月上旬当虫体尚软时用硬刷刷除。

（2）早春发芽前喷 5 波美度石硫合剂。

（3）幼虫孵化期喷 0.3~0.5 波美度石硫合剂。

（4）可喷施专杀药剂进行防治，如吡虫·噻嗪酮效果最佳。马拉硫磷也有效，但效果差，并且需要在蚧类危害初期喷施才有效，一旦它们的蜡质形成，一般的药剂难以渗透发挥作用。

第五章 樱桃栽培与病虫害防治技术

第一节 建园技术

一、园地选择

园地不选择盐碱地，有轻微盐碱的，在选择苗木时，应选抗盐碱能力较强的砧木。园地周边要有灌溉用水或能打深机井。园地能排出水，平原地区的园地周边要有大而深的排水沟。地下水位要求在 1.5 米以下。活土层要求达 40 厘米以上，不足的要深翻改造。土壤有机质含量在 1.5% 以上，不足的建园前要增施有机肥（粪）改造或通过后期管理逐步提升。尽量不选黏重土壤，不选低洼、易遭霜冻以及风口、风大的地块。

二、园区规划

（一）小区规划

小区规划的原则是使同一小区内的土壤、小气候、光照等条件基本一致。地势平坦、土壤差异较小的，每小区面积以 30~50 亩为宜；山丘地区地形复杂、土壤差异较大，小区面积要适当缩小，一般以 5~10 亩或数道梯田为一个小区。平地小区多采用长方形，南北行向，小区长边应与风向垂直，以利于防风；山坡地边长要与等高线平行，便于耕作和水土保持。

（二）道路规划

果园道路一般分支路和主路 2 种。支路供车辆机具通行，位于小区之间，其宽度根据运输量及常用车辆、机具种类（型号）设计，通常为 3~5 米；主路用以连接各支路和果品分级、包装、储藏加工等场所。山地、丘陵或梯田果园，多用梯田边缘、田埂作为支路，而主路则应顺坡修筑迂回上下，以利于水土保持。道路要与水土保持工程、防护林等设施统筹规划设计，以求节约用地。

（三）防护林规划

防护林的防风效果，因林带的结构和宽度而异，防护林由主林带和副林带构成。主林带一般多与当地主害风向垂直，如因地势、河流等影响，也可有 15°~30°的偏角，其宽度 10~20 米；副林带与主林带垂直，一般宽 5~8 米。主林带间距 300 米左右，副林带间距 500 米左右。防护林树种，要选用对当地自然条件适应能力强、与樱桃没有共同性病虫害、生长迅速、经济价值比较高的树种。

（四）排灌系统规划

1. 灌溉系统

目前我国樱桃园的灌溉方式很多，传统的方法有沟灌、畦灌（树盘灌）、穴灌和滴灌等。科学节水的方法是滴灌和渗灌。沟灌和畦灌要有水渠或水管，滴灌、渗灌和喷灌要有管路配套设施。不论哪种灌水方式，都必须安排好水源和动力（电）源。

2. 排水系统

排水系统由干沟、排水支沟和排水沟组成，山地丘陵果园还要在园地上方挖截水沟，在排水沟末端修筑蓄水塘。

排灌系要遵照灌水方便、排水畅通，节水、省地，有利于水土保持和减少施工量的原则规划设计。

（五）辅助设施规划

樱桃园的辅助设施包括管理用房、仓库（工具、农药、化肥库等）、机具室、药物配制池、分级包装场及积肥饲养场（畜禽）等。这些设施的规模要根据果园大小而定。配药池与积肥场一般设在果园小区中心，仓库、包装场要设在作业室附近。

三、栽植技术

（一）品种选择

在选择栽培品种时，不仅要考虑果个大小、果实颜色、果实风味等果实性状，还要考虑其商品性，选择综合栽培性状好、市场竞争力强、经济效益高的品种。

（二）授粉树配置

除自花授粉品种可以单一栽培外，樱桃园至少要栽培 3 个品种，以保证品种间相互授粉。大面积果园栽培品种要 5 个以上，而且成熟期要错开，以防采收时用工紧张。若栽 3 个品种，主栽品种与其他品种的比例为 4：3：3 或 4：2：1。

（三）栽植方法

选择根系粗度大于 5 毫米，大根 6 条以上，苗高 1.2~1.5 米，嫁接口愈合良好的苗木。栽前苗木用 3~5 波美度石硫合剂浸泡 4~12 小时，冲洗后蘸泥浆栽植。

秋季、春季均可栽植，栽后立即定干，并套 40 厘米膜筒保湿。3 月中旬，在原穴中央挖一个边长 30 厘米的小正方形穴。挖出来的土掺优质有机肥和约 5 克磷酸二铵放在一边备用。把苗木放入小穴，苗木的原土印与地面相齐，将其根系舒展开，用掺好的土填在根系周围，一直填到略高于地面。在填土的过程中，要随填土，随踏实随晃动苗木，然后再踏实，使根系与土壤充分密接。在树穴周围筑起土埂，整好树盘，随即浇透水。水渗下后，整平树盘，用一块地膜覆盖树穴，有利于提高地温，保持湿度，促发新根，提高苗木的成活率。如不盖地膜，水渗后培土保墒。

如果栽植半成苗（接芽成活的苗），栽后不要剪砧，待接芽萌动后剪砧，接芽长至20厘米高时，设支柱把新梢绑在支柱上以防风折。同时注意除萌，防止萌蘖与接芽竞争水分和养分影响成活。

樱桃怕涝，平地果园最好起垄栽植。方法是按预定的株行距挖深1米的沟，按回填要求回填，最后用行间表土和有机肥混匀后起垄，垄高30~40厘米、垄顶宽约40厘米，垄底宽约1米，将樱桃按栽植要求栽在垄上。这样可防止夏季雨水积涝及传播病害。用这种方法栽的树比平栽的当年生长量可大1倍，以后树体发育也较好。

第二节　果园管理技术

一、土肥水管理

（一）土壤管理

樱桃的土壤管理主要包括土壤深翻扩穴、中耕松土、果园间作、水土保持、树盘覆草、树干培土等，具体做法要根据当地的具体情况，因地制宜地进行。

（二）施肥管理

1. 幼树施肥

为了使苗木定植后的前1~2年内树体生长健旺，生长季节有后劲，最好在苗木定植前株施腐熟的鸡粪2~3锹，与土拌匀，然后覆一层表土再定植苗木，或定植前株施0.5千克复合肥，或定植前全园撒施 5 000 千克/亩的腐熟鸡粪或土杂粪，深翻后再定植苗木。5 月以后要追施速效性肥料，结合灌水，少施勤施，防止肥料烧根。为了促进枝条快速生长，不能只追氮肥。虽然樱桃对磷的需求量远低于氮、钾，但适量补充磷肥，有利于枝条充实健壮。一般采用磷酸二铵和尿素的方式追肥，每次株施磷酸二铵+尿素 0. 15~0. 2 千克。

2. 结果树施肥

9 月施基肥，以有机肥为主，配合适量复合肥、钙硼肥。每亩施土杂粪 5 000 千克+复合肥 100 千克，撒施后再深翻。盛花末期追施氮肥，株施碳酸氢铵 1. 5~2 千克，结合浇水撒施。硬核后的果实迅速膨大期至采收以前，结合灌水，撒施碳酸氢铵 0. 5 千克/株 2 次。采果后，放射状沟施人粪尿 30 千克/株或樱桃专用肥 5 千克或复合肥 1. 5~2 千克/株。在土壤不特殊干旱条件下要干施，即施后不浇水。从初花到果实采收前，叶面喷施腐殖酸类含铁等微量元素的叶面肥 4 次，间隔时间 7~10 天，早中熟品种 7 天、晚熟品种 10 天，也可施用含腐殖酸水溶肥（高美施）等其他叶面肥。应当强调的是，种植樱桃可获得较高的经济效益，果农也舍得投入，在提倡"春天萌芽前不施肥，秋施有机肥加化肥一次施足"的前提下，秋施基肥要足量，但千万不要过量施用肥料，尤其是过量的化肥，否则容易烧根、死树。

(三) 水分管理

1. 适时灌水

定植后一至二年生的小树要勤浇水、浇小水，土壤相对含水量低于 60%时就浇水，即手捏 10 厘米深处的土壤只感到稍有湿润时就应浇水。在樱桃生长发育的需水关键期灌水，大致可分为花前水、硬核水、采前水、基肥水、封冻水和解冻水，每次灌水至水沟灌满为止。

2. 及时排水

樱桃树对环境水分状况反应敏感，不抗干旱也不耐涝，除要适时浇水外，还要及时排水。园地必须建好排水系统，雨季注意排出积水。地下水位高、低洼地易积水的地方，需起高垄栽培。

二、树形管理

(一) 常用树形

生产中，樱桃常用的主要树形大致有丛状自然形、自然开心形、主干疏层形、纺锤形等。

(二) 不同树龄的修剪

1. 幼龄树的修剪

幼龄阶段的主要任务是养树，即根据树体结构要求，培养好树体骨架，为将来丰产打好基础。修剪的原则是轻剪、少疏、多留枝，应根据所选的树形采取不同的修剪方法。

(1) 对主枝延长枝应促发长枝，扩大树冠。

(2) 背上直立枝生长势很强，应极重短截培养成紧靠骨干枝的紧凑型结果枝组，也可将其基部扭伤拉平后甩放培养成单轴型结果枝组。

(3) 中庸偏弱枝一般长势趋缓，分枝少，易单轴延伸，可培养成结果枝组。

(4) 拉枝开角，缓和长势，提高萌芽，增加短枝，促进成花，提早结果。

2. 盛果期树的修剪

进入盛果期后，树体高度、树冠大小基本上已达到整形要求，此时，应及时落头开心，增加树冠内膛的光照强度，对骨干延长枝不要继续短截促枝，防止果园群体过大，影响通风透光。盛果期树的结果枝组在大量结果后，极易衰弱，特别是单轴延伸的枝组、下垂枝组衰老更快。对衰老失去结果能力的枝组或过密的枝组可进行疏除，对后部有旺枝、饱满芽的可回缩复壮。盛果期大树对结果枝组的修剪一定要细致，做到结果枝、营养枝、预备枝3枝配套，这样才能维持健壮的长势，丰产、稳产。

3. 衰老树的修剪

树体进入衰老期后，应有计划地分年度进行更新复壮。利用樱桃树潜伏芽寿命长易萌发的特点，分批在采收后回缩大枝，大枝回缩后，一般在伤口下部萌发新梢，选留方向和角度适宜的1~2个新梢培养，代替原来衰弱的骨干枝，对其余过密的新梢应及早抹掉，对保留的新梢长至20米时进行摘心，促生分枝，及早恢复树势和产量。如果有的骨干枝仅上部衰弱，中下部有较强分枝时，也可回缩到较强分枝上进行更新。更新的第2年，可根据树势强弱，以缓放为主，适当短截选留骨干枝，使树势尽快恢复。

三、花果管理

（一）放蜂授粉

采用花期放蜂授粉，在樱桃初花时，每3~5亩放一箱蜜蜂。目前在生产中，对樱桃授粉效果较好的蜜蜂种类是中国蜜蜂，中国蜜蜂活动温度低，其次是意大利蜜蜂。除了释放蜜蜂外还可利用壁蜂授粉。

（二）疏花疏果

1. 疏花

疏花是在花开后，疏去双子房的畸形花及弱质花，每个花芽以保留2~3朵花为宜。人工疏花宜在花蕾期进行，疏除基部花，留中、上部花，中、上部花应疏双花、留单花，预备枝上的花全部疏掉。注意，此期间如遇低温或多雨，可不疏花或晚疏花。也可采用盛花期喷施化学药剂的方法疏除花。

2. 疏果

疏果时期在生理落果后，一般在谢花一周后开始，并在 3~4 天之内完成。幼果在授粉后 10 天左右才能判定是否真正坐果。为了避免养分消耗、促进果实生长发育，疏果时间越早越好。疏果应根据树体长势、负载量及坐果情况而定。主要疏除小果、畸形果，留果个大、果形正、发育好、无病虫危害的幼果。疏除因光线不易照到而着色不良的下垂果，保留横向及向上的大果。待幼果长至豆粒大时即可进行疏果。先疏上部、内部、大枝果，后疏下部、外部、小枝果，先疏双果、病果、伤果、畸形果，后疏密生果、小果。通过疏果，可进一步调整植株的负载量，促进果实增大，提高果实含糖量。

（三）果实着色

1. 摘叶

在合理整形修剪、改善冠内通风透光条件的基础上，在果实着色期将遮挡果实浴光的叶片摘除即可。果枝上的叶片对花芽分化有重要作用，切忌摘叶过重。

2. 铺设反光材料

果实采收前 10~15 天，在树冠下铺设反光膜，增强果实的浴光程度，促进果实着色。

第三节　病虫害防治技术

一、常见病害

（一）樱桃黑霉病

1. 主要症状

主要发生在运输、销售及在树上熟过的果实，发病初期果实变软，很快呈暗褐色软腐，用手触摸果皮即破，果汁流出。病害发展到中后期，在病果间表面长出许多白色菌丝体和细小的黑色点状物，即病菌的孢子囊。

2. 防治措施

（1）适期采收果实，采收时轻摘轻放，尽量避免伤口，减少病菌侵染机会。

（2）采收后应将果实运送到阴凉处散热，并将伤果和病果剔除。

（3）药剂防治：在樱桃果近成熟时喷洒一次50%腐霉利可湿性粉剂1 000~1 500倍液、50%多菌灵可湿性粉剂800倍液、50%异菌脲可湿性粉剂1 500倍液或70%甲基硫菌灵可湿性粉剂700倍液，控制病害的发生。长距离运销的果实，在八成熟时采摘，并用山梨酸钾500~600倍液浸后装箱，可减少储运期间病菌的侵染，从而减少发病概率。

（4）无论采收还是包装、运输，都要尽量避免高湿高温环境。

（二）樱桃褐腐病

1. 主要症状

果实受害，果面初现褐色圆形病斑，后扩及全果，变褐软腐，致果实收缩，成为灰白色粉状物，病果易脱落，有的失水变成僵果，不脱落，最后变为黑褐色。花受害易变褐枯萎，天气潮湿时，花受害部位表面丛生灰霉，天气改变时，则花变褐萎垂干枯，似霜害残留在枝上。

2. 防治措施

（1）农业防治。结合修剪彻底消除病枝、僵果，集中烧毁以消灭越冬病原，同时进行深耕，深埋地上的病残体。

（2）药剂防治。樱桃树发芽前喷3~5波美度石硫合剂，初花期、落花后喷洒 53.8%氢氧化铜水分散粒剂 1 000 倍液、47%春雷·王铜可湿性粉剂 700 倍液、50%百菌清可湿性粉剂 700 倍液、12%松脂酸铜乳油 600 倍液或 25%多菌灵可湿性粉剂 800 倍液可控制果腐。

（3）及时防治害虫，减少病菌侵入机会。

（4）成熟时小心采收，避免伤口，运输时应尽量避免碰撞、挤压产生新伤口，减少病菌储运期侵染。

（三）樱桃细菌性穿孔病

1. 主要症状

叶片受害，初呈半透明水浸状褐色小点；后扩大成圆形、多角形或不规则形，呈紫褐色或黑褐色，继后病斑干枯，脱落穿孔。果实受害，在果实表面出现褐色至紫褐色病斑。

2. 防治措施

（1）农业防治。避免偏施氮肥，多施有机肥、厩肥等，使果树枝条生长健壮，增强抗病力；合理修剪，使果园通风透光良好，以降低果园湿度；避免樱桃、桃、李、杏等果树混栽，以防病菌互相传染，给防治增加困难。

（2）人工防治。结合冬季修剪，剪除树上的病枯枝，以消灭越冬菌源。

（3）药剂防治。果树发芽前（萌芽期），全树均匀喷洒 4~5 波美度石硫合剂、1∶1∶100 波尔多液或 50%福美双可湿性粉剂 100 倍液，以铲除在枝条溃疡部越冬的病菌。在樱桃果生长季节，从坐果开始，每隔 10 天喷一次硫酸锌石灰液（硫酸锌 1 份、石灰 4 份、水 240 份）500 倍液、70%代森锰锌可湿性粉剂 700 倍液、65%代森锌可湿性粉剂 500 倍液。

（四）樱桃小果病

1. 主要症状

感病的樱桃病果暗红色，有时为黑色，严重时为淡红色。病果在生长初期果形正常，到采收期比健果明显小，仅有健果大小的1/3或1/2。果形变尖锥形，果肩部分多呈三角形。病果香味减少，部分果实不成熟。

2. 防治措施

（1）栽培无病毒苗木。病樱桃苗在37~37.5℃恒温下热处理3~4周，可脱去小果病毒。

（2）拔除病树。在苗圃及大棚内，一旦发现有病苗或病树，要及时拔除烧掉。

（3）药剂防治。发病初期，叶面喷洒10%混合脂肪酸水乳剂50倍液或0.5%小檗碱可溶液剂500倍液等。

（4）及时防治苹果粉蚧等介壳虫，可以减少此病的发生。

（五）樱桃疮痂病

1. 主要症状

果实染病初生暗褐色圆斑，大小2~3毫米，后变黑褐色至黑色，略凹陷，一般不深入果肉，湿度大时病部长出黑霉，病斑常融合，有时一个果实上多达几十个。叶片染病生多角形灰绿色斑，后病部干枯脱落或穿孔。

2. 防治措施

（1）农业防治。合理修剪，剪除病梢，可减少菌源，改善通风透光条件；注意放风散湿，雨季注意排水，严防湿气滞留，降低园地湿度。

（2）药剂防治。桃树发芽前喷30%碱式硫酸铜悬浮剂500倍液或1：2：200倍式波尔多液。落花后10~15天，喷洒25%苯菌灵·环己锌乳油800倍液、50%硫磺·甲硫灵悬浮剂800倍液或80%代森锰锌可湿性粉剂500倍液，每隔15天一次，一直防治至7月。

二、常见虫害

(一) 樱桃果蝇

1. 主要症状

樱桃果蝇属双翅目昆虫，成虫体长3~4毫米，淡黄至黄褐色，主要危害樱桃果实，病害发生首先危害中国樱桃，果蝇转移危害樱桃，雌虫用产卵器刺破樱桃果皮，将卵产在果皮下，卵孵化后，幼虫由果实表层向果心蛀食，随着幼虫蛀食，果肉逐渐变褐腐烂。一般幼虫在果实内5~6天便发育成老熟幼虫，然后脱离果实化蛹，幼虫脱果后约留1毫米蛀孔。

2. 防治措施

（1）农业防治。果园清理。在樱桃果实膨大期，及时清除果园内外的杂草、腐烂垃圾及落果烂果。对冬季修剪后的落叶、果枝集中深埋或烧毁，结合秋冬季施肥，深耕土壤消灭果园地表的越冬果蝇蛹。

（2）物理防治。针对果蝇的趋化性，利用糖醋液诱杀成虫。诱杀主要从樱桃果实膨大着色期开始至樱桃采收结束，用90%敌百虫原药20克、红糖500克、醋液50克、酒100克、清水10千克比例配制成糖醋液，将糖醋液盛于15厘米以上口径的平底容器内，药液深度以3~4厘米为宜，容器内放漂浮物以便成虫栖息、取食。装有糖醋液的容器一般放于樱桃园树冠荫蔽处，高度不超过1.5米，每3~5株树挂一个，定期清除容器内成虫，每7天更换一次糖醋液，虫量大或每次雨水后应及时补充。

（3）化学防治。4月初用90%敌百虫原药1 000倍液、40%辛硫磷乳油1 500倍液等高效低毒农药喷雾果园地面和周边杂草，灭杀出土成虫，降低虫源基数。每次喷雾间隔15天，共喷2~3次。在果实成熟前15天对樱桃树冠内堂喷洒植物源杀虫剂

0.6%苦参碱水剂 1 000 倍液或 1.8%阿维菌素水乳剂 3 000 倍液，加适量红糖可提高防治效果。

（二）樱桃实蜂

1. 主要症状

樱桃实蜂属膜翅目叶蜂科，成虫体长 5~6 毫米，体粗壮，背面黑色。卵长椭圆形，乳白色，透明。初孵幼虫头深褐色，体白色透明；老熟幼虫头淡褐色，体黄白色，蛹长 5 毫米左右，初为淡黄色，后变黑色，茧圆柱形。一年发生一代，以老龄幼虫结茧在土下滞育，12 月开始化蛹，翌年 2 月下旬樱桃始花期羽化交尾，成虫将卵产于花萼表皮下，初孵幼虫从果顶蛀入果实，取食果核、果仁及果肉，果实内留有虫粪，果实顶部过早变红，易脱落。老熟幼虫咬圆形脱果孔脱落，坠落地面后入土滞育。

2. 防治措施

（1）农业防治。樱桃实蜂防治重点是压低虫口基数，控制虫情蔓延。2 月上旬深翻树盘，灭杀即将出土的越冬老龄幼虫，减少越冬虫源。4 月上旬幼虫尚未脱果时，及时清理摘除虫果深埋。

（2）化学防治。樱桃开花初期，喷施 90%敌百虫原药 1 000 倍液或 40%辛硫磷乳油 1 500 倍液，防治羽化盛期的成虫。樱桃落花后，喷施 1.8%阿维菌素乳油 3 000 倍液或 2.5%高效氯氟氰菊酯乳油 3 000 倍液一次，防止幼虫蛀果。

（三）樱桃瘿瘤头蚜

1. 主要症状

樱桃瘿瘤头蚜属同翅目蚜科，无翅孤雌蚜头部呈黑色，胸、腹背面为深色，额瘤明显，内缘圆外倾，中额瘤隆起，腹管呈圆筒形，尾片短圆锥形，有曲毛 3~5 根。有翅孤雌蚜头、胸呈黑色，腹部呈淡色。腹管后斑大，前斑小或不明显。

2. 防治措施

（1）农业防治。加强果园管理，结合春季修剪，及时摘除有虫瘿的叶片，并带出园外深埋或集中烧毁。

（2）化学防治。樱桃树发芽至开花前，越冬卵大部分已孵化，及时往果树下喷雾10%吡虫啉可湿性粉剂2 000~2 500倍液或2.5%溴氰菊酯乳油1 500~2 500倍液，杀灭越冬卵。越冬卵孵化后尚未形成虫瘿之前，树上喷雾10%吡虫啉可湿性粉剂4 000倍液或1.8%阿维菌素乳油3 000倍液进行防治。

（四）红颈天牛

1. 主要症状

红颈天牛属鞘翅目天牛科。成虫体长28~37毫米，黑色有光泽，前胸背部棕红色。卵长椭圆形，长6~7毫米，老熟幼虫体长50毫米，黄白色，头小，腹部大，足退化。蛹体长36毫米，初为乳白色，后渐变为黄褐色。幼虫孵出后先在韧皮部纵横窜食，然后蛀入木质部，深入树干中心，蛀孔外堆积木屑状虫粪，引起流胶，严重时造成大枝以致整株死亡。

2. 防治措施

6月下旬至7月中旬，人工捕捉中午静伏在树干上的成虫。冬季在主干上喷抹涂白剂防止成虫产卵。在幼虫危害期间，对有鲜虫粪排出的蛀孔，用80%敌敌畏乳油200倍液浸泡棉球进行堵塞，灭杀孔内幼虫。

（五）桑白蚧

1. 主要症状

桑白蚧属同翅目盾蚧科。雌成虫体长0.9~1.2毫米，淡黄至橙黄色。雌介壳灰白至灰褐色，有螺旋纹，壳点黄褐色。雄成虫体长0.6~0.7毫米，翅展1.8毫米，雄介壳细长，白色，长约1毫米，背面有3条纵脊，壳点橙黄色，位于介壳的前端。卵椭圆形，长径 0.25~0.3 毫米，初孵若虫淡黄褐色，偏椭圆形，2 龄分泌绵毛状蜡丝覆盖虫体。一年发生多代，以雌成虫和若虫群集在枝干上吸食汁液，引起树势衰弱，甚至全株死亡。

2. 防治措施

冬季剪除虫害严重的枝条，用硬毛刷或细钢丝刷刷除枝干上的虫体。5 月上中旬一代幼虫孵化期喷雾 22.4%螺虫乙酯悬浮剂 4 000~5 000 倍液或 22%氟啶虫胺腈悬浮剂 4 000~5 000 倍液。

第六章 葡萄栽培与病虫害防治技术

第一节 建园技术

一、园地选择

建园地应选择地势平坦，土地连片，交通方便，有灌溉条件，排水良好，土质疏松的沙质土或壤土，土壤酸碱度以中性或略酸性为宜，新开垦荒地建园或土壤较为贫瘠的应先改良土壤。

二、园区规划

无论是大面积建园，还是建立独立经营的小葡萄园，在建园前，必须进行统一规划，合理设计，确定生产方向、株行距、架式、架形。

（一）栽植行向

葡萄栽植时如果采用大棚栽培或简易棚栽培应充分考虑当地季风方向，以防生产受到大风的影响。同时行向与风向一致也可以增加葡萄园通透性，减少病害的发生。

（二）排灌系统

地头最好开挖排水沟，同时排水沟又能及时把水排出去。减少在雨水较大时，造成大水沤根，影响葡萄生长。

（三）道路设置

根据葡萄园面积而定，以节约用地和方便生产的原则设置道路。小园只设置作业道，直接与园外大路相通，以便于运输、管理。

三、栽植技术

（一）栽植时期

从秋季至翌年春季均可栽植。北方秋季时间较短，整地、挖掘栽植沟工作量很大，冬季气候寒冷干燥，秋栽后必须埋土防寒，耗费较多人力、物力，因此，以秋季挖好栽植沟，春天栽植为宜。一般可在地温达到10℃时进行，以春季山桃花开以后为适期，过早栽植地温低，根系迟迟不活动，成活率降低。如果栽植面积较大，栽植时间可适当提前。温室营养袋育苗可在生长期带土定植。

（二）栽植密度

根据不同地理位置冬季是否需要下架防寒等气候特点、土地类型（山地或平原）、土壤肥力状况、整形方式、架式特点、品种树势等栽植密度有差别。棚架栽培株行距一般为（1.5～2.0）米×（3.0～6.0）米，每亩栽植株数为56～148株。平地不埋土防寒地区多采用篱架栽培，株行距一般为（1.0～1.5）米×（2.0～3.0）米，每亩栽植株数为148～333株。

（三）栽植方法

1. 挖大穴

在栽植畦中心轴线上按株距挖深、宽各30厘米的栽植穴，穴底部施入几十克生物有机复合肥，上覆细土做成半圆形小土堆，将苗木根系均匀散开四周，覆土踩实，使根系与土壤紧密结合。栽植深度以原苗木根茎与栽植畦面平齐为适宜，过深，土温较低，氧气不足，不利于新根生长，缓苗慢甚至出现死苗现象；过浅，根系容易露出畦面或因表土层干燥而风干。

2. 覆膜

栽植后及时覆盖黑色地膜，保证自根苗地上部位或嫁接苗嫁接口部位以上露出畦面。黑色地膜具有土壤保湿、增温、防杂草的作用，对提高成活率有良好效果。

3. 及时灌水和培土堆

栽植后及时灌一次透水。待水渗下后，将苗茎培土堆（黑色地膜覆盖可以不培土堆），高度以苗木顶端不外露为宜。待苗木芽眼开始膨大即将萌芽时，选无风傍晚撒土，以利于苗木及时发芽抽梢。栽后一周内只要 10 厘米以下土层潮湿不干，就不再灌水，以免降低地温和通气性。以后土壤干燥可随时灌小水。

第二节　果园管理技术

一、土肥水管理

（一）土壤管理

建园时土壤改良可进行土壤深翻，深度在 50~80 厘米，深翻的同时，可将切碎的秸秆或农家肥施入，压在土下。葡萄园建园以后，对于土壤贫瘠的葡萄园，要进行深翻改土。深翻改土要分年进行，一般在 3 年内完成。在果实采收后结合秋施基肥完成深翻。在定植沟两侧，隔年轮换深翻扩沟，宽 40~50 厘米，深 50 厘米，结合施入有机肥（农家肥、秸秆等），深翻后充分灌水，达到改土的目的。

（二）施肥管理

1. 施基肥

基肥多在葡萄采收后、土壤封冻前施入，一般在 9 月下旬至 11 月上旬进行。基肥以迟效性的有机肥为主，种类有圈肥、厩肥、堆肥、土杂肥等。施肥前应先挖好宽 40~50 厘米，深 40~60 厘米的施肥沟。沟离植株 50~80 厘米（具体根据土壤条件和葡萄植株大小而灵活掌握）。沟挖好后，将基肥（堆肥、厩肥、河泥）中掺入部分速效性化肥，如尿素、硫酸铵，可使根系迅速吸收利用，增强越冬能力。有时还在有机肥中混拌过磷酸钙、骨粉等，施肥后应立即浇水。

2. 追肥

（1）萌芽前追肥。以速效性氮肥为主，配合少量磷钾肥。

（2）幼果膨大期追肥。在花谢后 10 天左右，幼果膨大期追施，以氮肥为主，结合施磷钾肥（可株施 45%复合肥 100 克）。

（3）浆果成熟期追肥。在葡萄上浆期，以磷钾肥为主，并施少量速效氮肥，根施、叶面施均可，以叶面追施为主，这对提高浆果糖分、改善果实品质和促进新梢成熟都有重要的作用。采后肥以磷钾肥为主，配合施适量氮肥，目的是促进花芽发育、枝条成熟，可结合秋施基肥一起施用。最后一次追肥在距果实采收期 20 天以前进行。

（三）水分管理

1. 灌水

一般成龄葡萄园的灌水，是在葡萄生长的萌芽期、花期前后、浆果膨大期和采收后 4 个时期，灌水 5~7 次。同时要注意根据当年降水量的多少而增减灌水次数。成龄葡萄根系集中分布在离地表 20~60 厘米的栽植沟土层内，灌水应浸润 60~80 厘米以上的土壤为宜，并要求灌溉后土壤田间持水量达到 65%~85%。常见的灌水方法有沟灌或畦灌、喷灌、滴灌、渗灌等。

2. 排涝

一般葡萄园排水系统可以分为明沟与暗沟 2 种。

（1）明沟排水。明沟排水是在葡萄园适当的位置挖沟，通过降低地下水位起到排水的作用。明沟由排水沟、干沟、支沟组成。投资较小，但占地面积较大，容易滋生杂草，造成排水不畅、养护维修困难等。目前，我国许多地区采用这种排水方法。

（2）暗沟排水。暗沟排水是在葡萄园地下安装管道，将土壤中多余的水分由管道排除的方法。其排水系统由干管、支管、排水管组成。优点是不占地，排水效果较好，养护负担轻，便于机械化施工。缺点是成本高、投资大，管道容易被泥沙沉淀所堵塞，植物根系也易伸入管内阻流，降低排水效果。

二、树形管理

（一）整形方式

目前，我国葡萄的整形方式分为篱架整形、棚架整形。

1. 篱架整形

篱架整形的优点是管理方便，植株受光良好，容易形成，果实品质较好。篱架制作方法是用支柱和铁丝拉成一行行高2米左右的篱架，葡萄枝蔓分布于架面的铁丝上，形成一道绿色的篱笆。根据葡萄枝蔓的排布方式又分为多主蔓扇形和双臂水平整形2种。

2. 棚架整形

棚架是用支柱和铁丝搭成的，葡萄枝蔓在棚面上水平生长。棚架栽培分小棚架和大棚架2种。棚架栽培产量高，树的寿命也长。棚架的缺点是在埋土防寒地区上架下架较为费工，管理不太方便。

（二）葡萄的修剪

葡萄的修剪分为冬季修剪和夏季修剪。

1. 冬季修剪

冬季修剪的理想时间应在葡萄正常落叶之后2~3周内进行，

这时一年生枝条中的有机养分已向植株多年生枝蔓和根系运转，不会造成养分的流失。冬季修剪时，根据每年预定产量要求，再按植株生长情况留数，生长势中等的植株每株留13个结果母枝，强的适当多留，弱的少留。冬剪常用的方法有短、疏、缩3种方法。

2. 夏季修剪

夏季修剪是葡萄整形修剪的重要时期。夏季修剪，可通过抹芽、疏枝、摘心、处理副梢等措施，控制新梢生长，改善通风透光条件，使营养输送集中在结果枝上，从而提高产量和品质，并促进枝条生长和发芽分化，为翌年丰产打下基础。

三、花果管理

（一）疏穗

在葡萄开花前，根据花穗的数量和质量以及产量目标，疏除一部分多余的、发育不好的花穗，使营养集中供应留下的优质花穗，可以提高葡萄坐果率，提高果实品质。

疏穗分2个时期。一是在花序分离期，能分清花序大小、质量好坏时进行。通常去除发育不好、穗小的花穗，留下发育好、个头大的花穗，一般每个结果枝留一个花穗，每亩留1 500~2 000个花穗（夏黑留1 000~1 500个）。二是在花前一周将副穗、歧肩疏除，将全穗1/6~1/5的穗尖掐去，每穗留13~16个小花穗。

（二）疏果

葡萄开花后10天，能明显分清果粒大小时进行疏果，要求疏除病虫果、过大过小果、日灼果及畸形果，要疏除过密果，选留大小一致、排列整齐向内外的果粒。果粒大品种如藤稔留30~40粒，果粒中等品种如巨峰留40~50粒，小粒品种如夏黑留70~

80 粒。

（三）套袋

套袋在葡萄生理落果后（坐果后 2 周），果粒黄豆粒大小时进行，套袋前要用杀菌剂进行彻底杀菌。葡萄套袋材料一般用专用纸袋，分大、中、小 3 种规格，可根据果穗大小进行选择。套袋时要注意避开中午高温，防止日灼。袋口要扎紧，防止风吹落和虫进入。

（四）摘袋

为了促进葡萄浆果着色，深色品种可在采收前 1~2 周摘袋，其他品种采收前不解袋。摘袋宜选择晴天 9—11 时、15—17 时进行。先撕开袋底开口，隔 1~2 天后再摘袋。

第三节　病虫害防治技术

一、常见病害

（一）葡萄霜霉病

1. 主要症状

葡萄霜霉病是葡萄上的重要病害，病菌主要以卵孢子在落叶上越冬，葡萄萌芽后，遇 3 天以上的高湿条件，卵孢子可萌发产生孢子囊，随气流传播进行初侵染。葡萄霜霉病发生主要取决降雨和地面湿度，一般年份自 7 月开始发生，但个别果园或个别年份自花期开始发生，8 月中下旬达全年发病高峰期。霜霉病的防治应采用清除侵染菌源、栽培管理和药剂防治并重的综合防治措施。

2. 防治措施

（1）清除侵染菌源。结合修剪清园，彻底清除越冬菌源；

发病初期，及时剪除病叶、病梢等，清除再侵染菌源。

（2）加强栽培管理。适当增施有机肥、磷肥、钾肥，增加树体的抗病性；及时绑蔓、摘心、去副梢、适当疏叶，增加园内的通风透光条件；及时除草、中耕、排涝，降低果园内湿度；合理修剪，清除近地面的枝、叶，提高树体生长部位。

（3）花期和幼果期防治。葡萄开花期若预报有阴雨，应在阴雨前的2~3天，随其他病害的防治中，喷洒保护性杀菌剂。6月中下旬，雨季到来之前，全园应喷洒一次半量式波尔多液，或其他黏附性强、耐雨水冲刷、持效期长的杀菌剂。

（4）药剂防治。7月上中旬雨季前，7月下旬或8月上旬降雨前，各喷一次半量波尔多液；8月中旬喷洒一次内吸性杀菌剂；7月若雨水多，可增喷一次内吸性杀菌剂。

（二）葡萄灰斑病

1. 主要症状

葡萄灰斑病又叫轮纹叶斑病，主要危害叶片，各葡萄产区有零星发生。初发生时病斑近圆形，褐色至灰褐色、斑小。干燥时，病斑扩展慢，边缘呈暗褐色，中间为淡灰褐色；湿度大时，病斑迅速扩大，呈灰绿色至灰褐色水渍状病斑，具同心轮纹。严重时3~4天扩展至全叶。后期，病斑背面可产生灰白色至灰褐色霉层，导致叶片早落。

2. 防治措施

（1）防治灰斑病的关键是消灭越冬病源，清除病叶并集中烧毁或深埋。葡萄萌芽前全树喷洒1~3波美度石硫合剂、80%三氯异氰尿酸可湿性粉剂150~200倍液或在萌芽初期喷45%硫磺悬浮剂300~500倍液以灭杀越冬病菌。

（2）药剂防治。可在发病初期开始喷药，10~15天一次，连喷3~4次。常用药剂有43%腐霉利悬浮剂1 500倍液、450

克/升噻菌灵悬浮剂 3 000~4 000 倍液、50%乙霉·多菌灵可湿性粉剂 1 000~1 500 倍液。

（三）葡萄炭疽病

1. 主要症状

主要危害着色或近成熟的果粒，造成果粒腐烂。也可危害幼果、叶片、叶柄、果柄、穗轴和卷须等。着色后的果粒发病，初在果面产生针头大小的淡褐色斑点，其后病斑逐渐扩大成深褐色凹陷的圆形病斑，其上产生呈轮纹状排列的小黑点，天气潮湿时，溢出粉红色黏液。发病严重时，病斑可以扩展到半个或整个果面，果粒软腐，易脱落，病果酸而苦或逐渐干缩成为僵果。果柄、穗轴发病产生暗褐色、长圆形的凹陷病斑，可使果粒干枯脱落。

2. 防治措施

花前、谢花后、幼果期、果实膨大期，转色初期喷药保护，生长季节根据气候及发病状况。常用药剂有 25%丙环唑乳油 4 000~5 000 倍、25%咪鲜胺乳油 500~800 倍液、80%福·福锌可湿性粉剂 500~600 倍液、50%福美双可湿性粉剂 600 倍液、10%苯醚甲环唑水分散粒剂 1 500~2 000 倍液、68.75%噁·酮·锰锌水分散粒剂 1 200~1 500 倍液、52.5%噁酮·霜脲氰水分散粒剂 2 000 倍液、53.8%氢氧化铜水分散粒剂 1 000 倍液、80%代森锰锌可湿性粉剂 800 倍液、75%百菌清可湿性粉剂 600 倍液等。

（四）葡萄黑痘病

1. 主要症状

叶片受害后初期发生针头大褐色小点，逐渐扩展成圆形病斑，中部变成灰色，最后病部组织干枯硬化，脱落而穿孔。幼叶受害后多扭曲，皱缩为畸形。幼果感病呈褐色圆斑，圆斑中部灰白色，略凹陷，边缘红褐色或紫色似"鸟眼"状。

2. 防治措施

预防此病要及早喷药，保护植株上幼嫩枝叶和幼果。一般新梢长至 15 厘米时第 1 次用药。常用预防药剂有 80%代森锰锌可湿性粉剂、25%嘧菌酯悬浮剂、40%苯醚甲环唑水乳剂和 78%波尔·锰锌可湿性粉剂。若发现黑痘病发生，则应改用 400 克/升氟硅唑乳油、10%丙硫唑悬浮剂、10%苯醚甲环唑水分散粒剂、5%亚胺唑可湿性粉剂等进行防治。上述药剂，要交替使用，防止产生抗药性。

（五）葡萄白腐病

1. 主要症状

整个果粒发育期均能发病，主要危害果粒和穗轴，引起穗轴腐烂。病果粒很容易脱落，严重时地面落满一层，这是白腐病发生的最大特征。

（1）果穗。先在小果梗或穗轴上发生浅褐色水渍状，不规则病斑，逐渐向果粒蔓延。严重发病时造成全穗腐烂，果梗穗轴干枯缢缩，震动时病果病穗极易落粒。

（2）新梢。往往出现在受损伤部位，如摘心部位或机械伤口处。开始时，病斑呈水渍状，后上下发展呈长条状，暗褐色，凹陷，表面密生灰白色小粒点，病斑环绕枝蔓一周时，其上部枝、叶由黄变褐，逐渐枯死，后期病斑处表皮组织和木质部分层，呈乱麻丝状纵裂。

（3）叶片。一般在穗部发病后，叶片才出现症状。多从叶尖、叶缘开始，初呈水渍状褐色近圆形或不规则斑点，渐扩大成具有环纹的大斑，上面密生灰白色小粒点，病斑后期常常干枯破裂。

2. 防治措施

在开花前后应以波尔多液、78%波尔·锰锌可湿性粉剂等保护性药剂为主。坐果后遇上降雨后即进行防治。选用能兼治黑痘病、炭疽病的农药。以后根据病情及天气情况，每隔 7~15 天喷一次。药剂选用 10%苯醚甲环唑水分散粒剂 1 000~1 500 倍液、10%丙硫唑悬浮剂 1 500~2 000 倍液、50%福美双可湿性粉剂500~800 倍液、75%百菌清可湿性粉剂 500~600 倍液、70%代森锰锌可湿性粉剂和 64%噁霜·锰锌可湿性粉剂 700 倍液，以上药剂交替使用，以提高防效。

二、常见虫害

（一）葡萄虎天牛

1. 主要症状

葡萄虎天牛幼虫孵化后，即蛀入新梢木质部内纵向危害，虫粪充满蛀道，不排出枝外，故从外表看不到堆粪情况，这是与葡萄透翅蛾的主要区别。落叶后，被害处的表皮变为黑色，易于辨别。虎天牛以危害一年生结果母枝为主，有时也危害多年生枝蔓。

2. 防治措施

（1）冬季修剪时，将危害变黑的枝蔓剪除烧毁，以消灭越冬幼虫。

（2）成虫发生期，注意捕杀成虫。

（3）生长期，根据出现的枯萎新梢，在折断处附近寻杀幼虫。

（4）发生量大时，在成虫盛发期喷洒 50%杀螟硫磷乳油1 000 倍液或 20%氰戊菊酯乳油 3 000 倍液。或用棉花蘸 50%敌敌畏乳油 200 倍液堵塞虫孔。

（5）成虫产卵期喷 500 倍液 90%敌百虫可溶粉剂或 1 000 倍液 50%敌敌畏乳油。

（二）葡萄根瘤蚜

1. 主要症状

葡萄根瘤蚜属于同翅目瘤蚜科。

葡萄根瘤蚜对美洲品种危害严重，既能危害根部又能危害叶片，对欧亚品种和欧美杂种，主要危害根部。根部受害，须根端部膨大，出现小米粒大小、呈菱形的瘤状结，在主根上形成较大的瘤状突起。叶片受害，叶背形成许多粒状虫瘿。因此，葡萄根瘤蚜有根瘤型和叶瘿型之分。雨季根瘤常发生腐烂，使皮层裂开脱落，维管束遭到破坏，从而影响根对养分、水分的吸收和运送。同时，受害根部容易受病菌感染，导致根部腐烂，使树势衰弱，叶片变小变黄，甚至落叶而影响产量，严重时全株死亡。

2. 防治措施

（1）加强检疫。葡萄根瘤蚜唯一传播途径是苗木，在检疫苗木时要特别注意根系所带泥土有无蚜卵、若虫和成虫，一旦发现，立即进行药剂处理。其方法是将苗木和枝条用40%辛硫磷乳油1 500倍液或80%敌敌畏乳油1 000~1 500倍液，取出阴干，严重者可立即就地销毁。

（2）土壤处理。用50%辛硫磷乳油500克拌入50千克细土，每亩用药土25千克，于15—16时施药，随即翻入土内。

（3）选用抗根瘤蚜的砧木。我国已引入和谐、自由、更津1号和5A对根瘤蚜有较强抗性的砧木，可以选用。

（三）二黄斑叶蝉

1. 主要症状

二黄斑叶蝉别名二星叶蝉，成虫体长2.9~3.7毫米，有红褐及黄白色。越冬前成虫皆为红褐色，头顶有2个明显的圆形斑点。前胸背板前缘区有数个淡褐色斑纹，斑纹大小变化，有时全消失。小盾板基缘近侧角处各有一块大型黑斑。翅透明淡黄白色，翅面具不规则的淡褐色斑纹，但其色泽深浅不一，形式多变或全缺。中胸腹面中央具黑色斑块。各足跗节端爪黑色。卵黄白色长椭圆形，长径约0.2毫米。老熟若虫体长约2毫米，分红褐与黄白2色，前者尾部上举，后者尾部不上举。

以成、若虫在叶背吸食汁液，被害叶初现白色小点，严重时叶片苍白或焦枯，提早脱落，影响枝条成熟和花序分化。大叶型欧美杂交品系受害重，小叶型欧洲品系受害轻。

2. 防治措施

（1）葡萄园内远离桃树、樱桃、山楂树及常绿灌木等。冬季清园时，要铲除园边杂草、落叶，消灭越冬虫源。

（2）加强葡萄生长期的各项管理，改变通风透光条件，以利于葡萄生长和喷洒药剂。

（3）药剂防治。5月中下旬是一代若虫发生期，可喷洒480克/升毒死蜱乳油2 000倍液、90%灭多威可溶粉剂3 000倍液或10%吡虫啉可湿性粉剂1 000倍液。不仅可杀灭成虫、幼虫，还有一定杀卵作用，残效期可达30天以上。

（四）葡萄透翅蛾

1. 主要症状

葡萄透翅蛾又称透羽蛾。属于鳞翅目透翅蛾科。主要危害葡萄枝蔓。幼虫蛀食新梢和老蔓，一般多从叶柄基部蛀入。被害处逐渐膨大，蛀入孔有褐色虫粪，是该虫危害标志，幼虫蛀入枝蔓内后，向嫩蔓方向进食，严重时，被害植物株上部枝叶枯死。

2. 防治措施

（1）人工防治。结合养护，从6月上中旬起经常观察叶柄、叶腋处有无黄色细末物排出，如有发现用脱脂棉稍蘸烟头浸出液或50%杀螟硫磷乳油10倍液涂抹。

（2）物理防治。悬挂黑光灯，诱捕成虫。

（3）药剂防治。当葡萄抽卷须期和孕蕾期，可喷施10%～20%拟除虫菊酯类农药1 500~2 000倍液，收效很好；当主枝受害发现较迟时，在蛀孔内滴注烟头浸出液，或选50%杀螟硫磷乳油 5~10 倍液喷施。

（4）生物防治。将新羽化的雌成虫 1 头，放入用窗纱制的小笼内，中间穿 1 根小棍，搁在盛水的面盆口上，面盆放在葡萄旁，每晚可诱到不少雄成虫。诱到 1 头等于诱到 1 双，收效很好。

（五）绿盲蝽

1. 主要症状

绿盲蝽又名小臭虫、切叶疯等，属半翅目盲蝽科。成虫体长约 6 毫米，枯黄色至黄绿色，头部略呈 3 角形，头顶后缘隆起，复眼突出，黑色，触角丝状，4 节，第 2 节最长。前胸深绿色，前翅半透明，灰色。若虫分 5 龄，均为绿色。在葡萄上多以若虫危害。卵长 1.1 毫米，长卵形，淡黄绿色，卵盖周缘无覆盖物，中间微突出。

幼叶受害后，最初形成针头大小的红褐色斑点，之后随叶片的生长，以小点为中心形成不规则且大小不等的孔洞。严重时叶片上聚集许多刺伤孔，致使叶片皱缩、畸形甚至呈撕裂状，生长受阻。幼果受到绿盲蝽成虫或若虫的危害会点状发黑，随着幼果增大，果面会在伤口处形成小黑斑，严重影响果品。

2. 防治措施

（1）冬季和早春刮除翘皮，清除杂草、枯枝落叶等，并集中处理可消灭部分越冬成虫。

（2）葡萄萌芽期喷 2 000 倍液 25 克/升溴氰菊酯乳油等，需特别注意新栽葡萄园的早期防治。2~3 叶期喷 3% 啶虫脒乳油 800~1 000 倍液，并注意在傍晚喷施，注意果园周围的杂草也要喷到，减少虫源。

（3）避免将葡萄与棉花、蔬菜间作，加强葡萄树周围农作物的病虫防治，从而减轻葡萄被害。

第七章

枣栽培与病虫害防治技术

第一节 建园技术

一、园地选择

选择土地平整、交通便利、无污染、无病虫、灌溉条件好、周围防护林建设比较好的地方。土壤以沙质土壤或轻壤土为宜，要求土质疏松、肥力中等、pH 值 7.5~8.5。

二、园区规划

（一）园地小区的划分

生产小区是果园中的基本经营单位，面积大小应视果园的位置而定。一般为 30~50 亩，并以长方形为宜。山地要以自然沟为界来划分小区，以利于管理和水土保持等工作。

（二）园内的道路系统

一般由干路、支路和作业道组成。干路宽 6~7 米，是园内的主要道路，外与公路相通，内与支路相连，把果园分成几个大区。支路宽 3~5 米，把园内大区分成小区。为了便于经营管理，小区内可设 1~2 米宽的作业道。山地果园，道路的坡度较大时，路旁应设排水沟，沟内每隔 10 米左右修一横土埂，以减缓水势，防止冲刷，保护道路。

（三）园内的灌排系统

应充分利用当地的河流、山间小溪、地下泉水、地下水，修小水库、筑塘坝、打深井，采取二级抽水，引水上山，根据果园面积和需水量，在果园的制高点处修储水池。在水源充足，坡度较小处，可采取漫灌法；水源不太足时，可在每株树的树盘内挖4~6个灌水穴，利用主支渠道把水引入穴内。对于水源条件较差，水土流失又较重的果园，在经济条件允许的情况下，可设法滴灌。

三、栽植技术

（一）授粉树配置

枣树的优良品种中，大多数能够自花授粉且正常结果，如金丝小枣、无核枣、婆枣、长红枣、圆铃枣、灵宝大枣、灰枣、板枣、壶瓶枣、晋枣、冬枣等品种自花结实能力强，可以单一品种栽植，不必配置授粉树，但异花授粉可以显著地提高坐果率，对增加果实产量是相当有益的。因此，即使是自花授粉较好的品种在定植时最好选择2个以上品种进行混栽，这样利于提高果品产量。在枣树品种中，也有少量的几个品种因花粉不发育、发育不健全或自花不孕等原因，单一栽植授粉不良，必须配置相宜的授粉品种，如山东乐陵梨枣雄蕊发育不良，无花粉，需其他品种授粉方能结果，浙江义乌大枣常配置马枣，河北望都大枣需配置斑枣才能正常结果，赞皇大枣及南京枣也需配置花粉发育良好的授粉品种。

对授粉树的要求是要与主栽品种开花期一致并能产生大量发芽力强的花粉，最好能相互授粉。田间栽植时，授粉品种与主栽品种可以行间配置，也可株间配置，主栽与授粉品种的比例一般为（5~10）：1。

（二）栽植密度

1. 平地枣园

纯林枣园：合理密植，亩栽 110~330 株，株行距 2 米×3 米，1.5 米×3 米，2 米×2 米，1 米×3 米，1 米×2 米。

枣粮间作园：行距 10~15 米，株距 3 米；双行栽植时，2 行内枣树间距 3~4 米。

2. 山地枣园

坡度为 5°~15°时，株距 3 米，行距 4~5 米，每公顷栽苗 675~825 株；坡度 15°~20°时，株距 3 米，行距 5~6 米，每公顷栽苗 555~675 株；坡度 20°以上时，株距 3 米，行距 6~7 米，每公顷栽苗 480~555 株。

梯田地埂栽枣树，地埂低于 1.5 米，枣树栽于里埂；地埂高于 1.5 米，枣树栽于外埂。梯田宽即为行距，株距以 3 米为宜。

（三）栽植方法

解开嫁接口塑料绳，用生根粉溶液浸泡枣树苗根系 1 天。枣树苗放入坑内填土，栽植深度比苗木原来的深度深 1~2 厘米，轻轻提苗，踏实土壤，埋土与原来深度一致。秋栽需埋土防寒。

密植园栽植方法：多采用长方形栽植，行距大于株距，既可通风透光，又便于田间管理。植株配置可分为单行密株、双行密株（三角形密植），南北行，以利于光照。

采用挖坑栽植，坑深 40~60 厘米，长、宽 40~60 厘米，一般每亩施有机肥 5 000~6 000 千克，过磷酸钙 100~120 千克，肥料施入须和土壤拌匀，以免烧坏根系。

第二节　果园管理技术

一、土肥水管理

（一）土壤管理

初冬季节进行耕翻，深度 15~30 厘米，在不伤根的前提下尽量深翻。北方干旱地区，每年可进行多次，如发芽前、入伏、立秋各翻一次，均须在墒情较好时进行。掏根是北方旱地栽培措施之一，通过深刨冠内树盘，切断表层根系。没有育苗任务的枣园，要及时清刨根蘖。我国枣区多实行清耕，每年需进行多次中耕除草，松土保墒。枣园可间作豆科绿肥、小麦、豆类、花生、油菜、薯类等。

（二）施肥

枣树要求施肥量比较大。100 千克鲜枣约施氮 1.5 千克、磷 1 千克、钾 1.3 千克，比苹果 100 千克需肥量高 0.5~1 倍。一般在果实采收后，立即施基肥，盛果期株施土杂肥 50~100 千克，加磷酸二铵或果树专用肥 0.5~1 千克，用放射沟施或全园沟施。

追肥全年进行 3~5 次，一般在发芽前、谢花后、果实迅速生长期施用，前期以氮肥为主，株施尿素 0.5~1 千克，后期多施磷钾肥，株施磷酸二铵 0.5~1 千克或果树专用肥 0.75~1 千克。结合喷药每年叶面施肥 2~4 次，花期和幼果树喷 0.3% 的尿素和 0.08% 的稀土营养液，采果前喷一次 0.3% 的磷酸二氢钾。

（三）灌水

北方枣区，生长前期正值少雨季节，萌芽前、开花前、开花期、幼果发育期注意灌水，花期和幼果迅速生长期灌水尤其重要。花期灌水，量不宜过大，根系分布层达到70%即可，如果干旱期长，10~15天后可再灌一次。南方枣区，一般年份自然降水即能满足枣树生长和结果的需要，一般不需灌溉。但7—8月干旱的年份，则要及时灌水，以免果实生长受到抑制而减产。雨季注意排水防涝。

二、树形管理

（一）整形

枣树干性强、层次分明的品种，如晋枣宜用主干疏层形和纺锤形；生长势较弱的品种，如长红枣、赞皇大枣等宜用自然半圆形和开心形。纯枣园干高0.5~1.2米，枣粮间作干高1.2~1.6米。主干疏层形主枝8~9个，分3~4层，开张角度50°~60°，每主枝留1~3个侧枝，层间距50~70厘米。自然半圆形主枝6~8个，无层次，在中心干上错落排开，每主枝2~3个侧枝，树顶开张。自由纺锤形在中心干上均匀着生10~14个水平延伸的主枝，长度由下到上逐渐变短，树高2.5米以下，是密植枣树的理想树形。

（二）休眠期修剪

按照确定的树形进行整形，培养骨干枝。幼树要轻剪，避免造成徒长，随树龄增长，修剪量逐渐加重。扩大树冠时，对枣头短截，刺激主芽萌发形成新枣头。短截枣头时，剪口下的第1个二次枝必须疏除，否则主芽一般不萌发。疏去主、侧枝基部的直立枝和树冠顶部的直立枝，疏除不足30厘米、无力抽生二次枝或抽生极弱二次枝的枣头以及过密枝、交叉枝、重叠枝、病虫枝和干枯枝，改善通风透光条件，增强树势。缩剪多年生的细弱枝、冗长枝、下垂枝，抬高枝条角度，增强生长势。为刺激主芽的萌发，可在准备萌发枝条的芽上方刻伤或环剥。通过选留、刻芽和回缩等方法更新结果枝组。老弱树更新，根据更新程度的轻、中、重，分别回缩骨干枝长度的 1/3、1/2 和 2/3。

（三）生长期修剪

一般在发芽后到枣头停长前进行，主要是疏枝和摘心。春季、夏季枣股上萌发的新枣头或枣头基部及树冠内萌发的新枣头，如果不利用均应及时疏除。枣头萌发后，生长很快，过多过密的，可于 6 月在枣头长度的 1/3 处短截。

三、花果管理

（一）保花保果

枣落花落果极为严重，提高坐果率除采用综合技术措施提高营养水平外，还应直接采取一些措施，调节营养分配，创造授粉受精的良好条件。

1. 环剥

也称开甲。干粗在 10 厘米以上的盛果期树，盛花初期天气晴朗时进行。密植树干径达 5 厘米即可开甲。剥口宽度 0.3~0.6 厘米。初开树在主干距地面 20~30 厘米处开第 1 刀，以后相距 3~5 厘米逐年上移。剥口处抹残效期长的胃毒剂或触杀剂农药，防治虫害。

2. 喷水

盛花期早、晚喷清水或用喷灌改变局部湿度条件。

3. 摘心

6 月对枣头摘心，控制枣头生长，可提高坐果率。在枣头迅速生长高峰时期后的 1 个月，摘心效果更好。

4. 放蜂

花期放蜂，可增加授粉机会。

5. 喷植物生长调节剂和微量元素

盛花初期喷 10~15 毫克/千克赤霉素水溶液、硼砂等均可提高坐果率。

(二) 疏花疏果

疏花疏果是在确保坐果的前提下，对花果量多的树，人工调整花果数量，合理负载，对提高枣果质量有显著作用。

疏花疏果一般在 6 月中下旬分 2 次进行，第 1 次在中旬（15 日前），子房膨大后，按照适宜的负载量和合理的布局进行。一般树势强易坐果的品种，每 1 吊留 2 个幼果，其余全部疏除，反之每 1 吊留 1 果。留果时要留顶花果。第 2 次在下旬（25 日以后）进行定果。定果一般强树 1 果 1 吊，中庸树 1 果 2 吊，弱树 1 果 3 吊。如果坐果量不足，也允许每吊 2 果进行调节。

(三) 果实着色

1. 摘叶

在枣果采收前 30 天左右，分期分批地摘除果实周围的贴果叶、遮光叶，提高光能利用率，使枣果浴光，促进果实增色。主要是针对大果型鲜食品种施行，但不可一次摘叶过多，以免果面受日灼。

2. 转枝

转枝可在摘叶后 10 天左右开始，分 2~3 次进行。目的是增加不同部位果实阴面的着色度，达到全面均匀着色。

3. 铺银色反光膜

果实着色期，在树冠下的地面铺设银色反光膜，利用反射光增加树冠内的光照，使树冠内膛和下部的果实充分着色。一般情况下，在果实发育近成熟期要适当控水，湿度不能过大，否则不利于枣果着色。

第三节　病虫害防治技术

一、常见病害

（一）枣炭疽病

枣炭疽病俗称烧茄子病，该病在各大枣区均有发生。除危害枣外，还危害苹果、核桃、桃、杏等。果实近成熟期发病，果实感病后常提早脱落，降低品质，经济价值降低。

1. 主要症状

枣炭疽病可侵染叶片和果实。叶片受害后变黄绿色、早落，有的呈黑褐色、焦枯状悬挂在枝条上。果实发病后，最初出现淡黄色水渍状斑点，后逐渐扩大成不规则形黄褐色斑块，中间产生圆形凹陷病斑，扩大后连片、呈红褐色，引起落果，早落的果实枣核变黑。在潮湿条件下，病斑上可长出许多黄褐色小突起及粉红色黏性物质。病果味苦，重者晒干后仅剩下果核和丝状物连接果皮，不堪食用。

2. 防治措施

（1）摘除残留枣吊，冬季深翻、掩埋。冬季和早春结合修剪剪除病虫枝及枯枝。

（2）合理施肥和间作，增强树势，提高抗病能力。

（3）采用烘干或采用沸水浸烫处理，杀死枣果表面病菌后再晾晒制干。

（4）6月下旬始，树冠喷施300倍多量式波尔多液、70%甲基硫菌灵可湿性粉剂800倍液、40%氟硅唑乳油800倍液、50%多菌灵可湿性粉剂700倍液、75%百菌清可湿性粉剂700倍液等杀菌剂，连续喷3~4次，每次间隔7~10天。7月下旬至8月中下旬喷倍量式波尔多液 200 倍液或 50% 多菌灵可湿性粉剂 800 倍液，连续 3~4 次，每次间隔 10~15 天。9 月上中旬停止用药。

（二）枣疯病

枣疯病是枣树上的一种毁灭性病害，全国枣区均有发生，个别地区发生普遍且严重。

1. 主要症状

枣疯病的症状表现是花器返祖，花梗伸长，萼片、花瓣、雄蕊变成小叶。春季枣树发芽后，患枣疯病的病树病状逐渐显现。枣树染病后，花柄加长为正常花的 3~6 倍，主芽、隐芽和副芽萌生后变成节间很短的细弱丛生状枝，休眠期不脱落，残留树上。全树枝干上隐芽大量萌发，抽生黄绿细小的枝丛；树下萌生小叶丛枝状的根蘖；重病树一般不结果或结果很少，果实小、花脸、果内硬，不能食用。一般从局部枝条先发病，逐渐蔓延，其蔓延速度因品种和管理条件而异，一般枣树发病后小树 1~2 年，大树 5~6 年全树死亡。

2. 防治措施

目前对枣疯病的防治尚无行之有效的方法，但根据现有的经验，提出以下几项措施供参考。

（1）健株育苗。选用无病或抗病苗木和接穗。严禁在枣疯病区刨根蘖苗和采集接穗，以免苗木和接穗带菌进行传播。要培育无病苗，在苗圃中一旦发现病苗，应立即拔掉烧毁。

（2）及时清除病枝、病树和病苗。一旦发现整株的病株，应立即连根刨除，铲除病源，控制蔓延。刨除病树后可在原处补种无病苗，因土壤不能传染枣疯病，新栽植树不会感染，这是防治枣疯病最有效的方法之一。

（3）减少或消灭传毒媒介。有可能的条件下，消除枣园附近的杂草，注意枣园卫生，以减少传毒媒介昆虫的发生及越冬场所。

同时结合喷药治虫，切断传播途径。叶蝉在疯病树吸食后到无病树上取食即可传病。枣树发芽后结合防治其他害虫喷杀虫剂可杀死叶蝉。同时枣园不宜间作芝麻，枣园附近不宜栽种松树、柏树和泡桐，10月叶蝉向松树、柏树转移之后至春季叶蝉向枣树转移之前，向松树、柏树集中喷杀虫剂，以降低虫口基数，减少侵染概率。进行合理的环状剥皮，阻止类菌原体在植物体内的运行。

（4）加强管理，增强树势，提高树体抗病能力。实践证明，荒芜的枣园枣疯病严重，加强枣园综合管理，可有效地减轻枣疯病危害。

（三）枣锈病

枣锈病是枣树叶部主要病害，几乎所有枣产区都有发生，严重时全树叶片及果实大量脱落，树势衰弱，严重降低枣果的产量和品质。

1. 主要症状

主要危害叶片，发病初期叶背面散生淡绿色小点，后渐变为暗黄褐色不规则突起，即病菌的夏孢子堆，直径0.5毫米左右，多发生于叶脉两侧、叶片尖端或基部，叶片边缘和侧脉易凝集水滴的部位也见发病，有时夏孢子堆密集在叶脉两侧连成条状。后期，叶面与夏孢子堆相对的位置，出现具不规则边缘的绿色小点，叶面呈花状，后渐变为灰色，失去光泽，枣果近成熟期即大量落叶。枣果未完全长成即失水皱缩或落果，甜味大减，产量大减或绝收，树体衰弱。落叶后于夏孢子堆边缘形成冬孢子堆，冬孢子堆小，黑色，稍突起，但不突破表皮。

2. 防治措施

（1）枣树越冬休眠期，彻底扫除病落叶，集中深埋或烧毁，消灭越冬菌源，清除初侵染源。

（2）加强栽培管理。枣园应合理修剪，疏除过密枝条，改善树冠内的通风透光条件；雨季及时排水，防止园内过于潮湿，以增强树势，减少发病。

（3）应以夏季降雨早晚、降雨频率和空气湿度等气候因素决定喷药时期。北方枣区在6月底、7月初、7月中、7月底或8月上旬各喷一次1：2：（200~250）的波尔多液，可预防该病发生。如天气干旱，可适当减少喷药次数或不喷；如果雨水较多，应增加喷药次数。还可用其他药剂防治，如25%三唑酮可湿性粉剂1 000~1 500倍液、50%甲基硫菌灵可湿性粉剂1 000倍液、50%代森锰锌可湿性粉剂500倍液、50%多菌灵可湿性粉剂800~1 000倍液。每隔15天喷1次，连喷2次。

（4）发病严重的枣园，可于7月上中旬喷一次1：（2~3）：300的波尔多液或30%碱式硫酸铜悬浮剂400~500倍液、12%萎锈灵可湿性粉剂400倍液、0.3波美度石硫合剂水剂或45%石硫合剂结晶300倍液。必要时还可选用三唑酮、丙环唑等高效菌剂。

（四）枣轮纹烂果病

枣轮纹烂果病主要危害脆熟期枣果，该病遍及全国各大枣产区。受害部位果肉变褐变软，有酸臭味，重者全果浆烂，最后大量落果。

1. 主要症状

主要危害枣果。果实自白熟后期开始显现病症。最初果面上出现水渍状圆形小点，以后逐渐扩大，颜色转为黄褐色，表面略下陷呈圆形或椭圆形病斑，病部软腐状。后期表皮上长出很多近黑色的针点大小的突起，呈多层同心圆排列。

2. 防治措施

（1）加强综合管理，增强树势，提高抗病力。发病后及时清除病果，深埋，减少菌源。

（2）7月上中旬至8月下旬枣果喷施200倍多量式波尔多

液、50%多菌灵可湿性粉剂 800 倍液或 75%百菌清可湿性粉剂
800 倍液，每 15 天喷一次。也可喷施 50%甲基硫菌灵可湿性粉
剂 800 倍液，每隔 10 天喷一次，连喷 3~4 次。

（五）枣缩果病

枣缩果病又名枣铁皮病、枣黑腐病、枣萎蔫病、枣雾蔫病
等，俗称雾抄、雾落头、雾焯头等。近年来，该病遍及全国各大
枣产区，可造成果实提前脱落，降低产量和品质，是枣树上目前
最重要的果实病害。

1. 主要症状

主要危害枣果。一般在 8—9 月枣白熟期出现病症，发病
初期，受害果多数先是肩部或少数胴部出现淡黄色斑，边缘较明
显，然后逐渐扩大，成为土黄色或土褐色不规则的凹陷病斑，进
而病斑处果肉呈土黄色、松软、萎缩，果柄暗黄色，遇雨天、雾
天后病果在短时间内大量脱落；未脱落的病果后期病斑处微发
黑、皱缩，病组织呈海绵状坏死，味苦、不堪食用。

2. 防治措施

（1）选育和利用抗病品种。

（2）加强枣树管理，增施农家肥料，增强树势，提高枣树
自身的抗病能力。

（3）根据当年的气候条件，决定防治适期。一般年份可在 7
月底或 8 月初喷洒第 1 次药，间隔 7~10 天再喷洒 1~2 次药。药
剂有 30%琥胶肥酸铜可湿性粉剂 600~800 倍液等。

二、常见虫害

（一）食芽象甲

食芽象甲，别名枣飞象、太谷月象、枣月象、枣芽象甲、小
灰象鼻虫，分布于北方枣产区，是枣树的重要害虫之一。此外，

还危害苹果、梨、核桃等树种。

1. 主要症状

成虫食芽、叶，常将枣树嫩芽吃光，第 2~3 批芽才能长出枝叶来，削弱树势，推迟生育，降低产量与品质。幼虫生活于土中，危害植物地下部组织。

2. 防治措施

（1）4 月下旬成虫开始出土上树时，用药物喷洒树干及干基部附近的地面，干高 1.5 米范围内为施药重点，应喷成淋洗状态；也可用其他残效期长的触杀剂高浓度溶液喷洒或在树干基部 60~90 厘米范围内撒药粉，以干基部为施药重点，毒杀上树成虫效果好且省工，可撒 5% 辛硫磷颗粒剂、4% 二嗪磷颗粒剂等，每株成树撒 150~250 克药粉，撒后浅耙一下以免药粉被风吹走。喷药或撒粉之后，最好上树震落一次已上树的成虫，可提高防效减少受害。本项措施做得好，基本可控制此虫危害。

（2）成虫发生盛期，结合防治 1~3 龄枣步曲和初龄枣黏虫，树上喷药。常用药剂及浓度为 40% 辛硫磷 2 000 倍液、2.5% 溴氰菊酯乳油 4 000 倍液、20% 氰戊菊酯乳油 4 000 液或 2.5% 高效氯氟氰菊酯乳油 5 000 倍液。

（3）春季成虫出土前在树干周围挖 5 厘米左右深的环状浅沟，在沟内撒 5% 甲萘威颗粒剂 50 克/株，毒杀出土成虫。成虫出土前，在树上绑一圈 20 厘米宽的塑料布，中间绑上浸有溴氰菊酯的草绳，将草绳上部的塑料布反卷或使用黏虫胶于树干中上部涂 1 个闭合黏胶环，阻止成虫上树。发芽期每隔 10 天撒粉一次，连撒 3 次效果较好。

（4）早、晚震落捕杀成虫，树下要铺塑料布以便搜集成虫。

（5）结合枣尺蠖的防治，于树干基部绑塑料薄膜带，下部周围用土压实，干周地面喷洒药液或撒粉，对两种虫态均有效。

（6）结合防治地下害虫进行药剂处理土壤，毒杀幼虫有一定效果，以秋季进行处理为好，可用5%辛硫磷颗粒剂、4%二嗪磷粉剂等，每亩用药2.0~3.5千克。

（二）枣尺蠖

属鳞翅目尺蠖蛾科，又名枣步曲，俗名"顶门吃"。幼虫爬行时，身体呈"弓"形匍匐前进，故称弓腰虫或步曲虫。

1. 主要症状

以幼虫危害幼芽、叶片，到后期转食花蕾，常将叶片吃成大大小小的缺刻，严重时可将枣树叶片食光，使枣树大幅度减产或绝产，是我国各枣产区的主要害虫之一。

2. 防治措施

（1）农业防治。3月上旬前，在树干上缠绕塑料薄膜或纸裙，阻止雌蛾上树交尾和产卵，并于每天早晨或傍晚逐树捉蛾。由于树干缠裙，雌蛾不能上树，便多集中在裙下的树皮缝内产卵，因此，可定期察看粗树皮，刮除虫卵或在裙下捆绑2圈草绳诱集雌蛾产卵，每10天左右换一次草绳，将其烧毁。

（2）药物防治。根据枣尺蠖的特性及危害规律，可分2次用药防治。第1次用药在枣芽长到3厘米左右时，喷施50%敌敌畏乳油或70%辛硫磷乳油800~1 000倍液。第2次用药在枣芽长到5~8厘米长时，可喷施20%的氰戊·马拉松乳油4 000倍液等。

（3）生物防治。保护天敌，降低虫口密度。

（三）沙枣木虱

沙枣木虱属于同翅目木虱科。

1. 主要症状

成、若虫刺吸幼芽、嫩枝和叶的汁液，幼芽被害常枯死，被害叶多向背面卷曲，严重者枝梢死亡，削弱树势，大量落花、落果。

2. 防治措施

（1）冬季清园，秋末早春刮除老树皮，清理残枝、落叶及杂草，集中烧毁或深埋，同时树冠枝芽、地面全面喷洒 3~5 波美度石硫合剂，消灭越冬成虫。秋季 9 月下旬在树干上缠草把，诱杀越冬成虫，严冬来临前全园灌水，可大大减少越冬虫口数。

（2）药剂防治。重点抓好越冬成虫出蛰期和一代若虫孵化盛期喷药。药剂可选用 25%噻虫嗪水分散粒剂 5 000~6 000 倍液、10%吡虫啉可湿性粉剂 1 500~2 000 倍液、5%啶虫脒可溶性粉剂 2 500~3 000 倍液或 52.25%氯氰·毒死蜱乳油 1 500~2 000 倍液。以上各种药剂请不要连续使用以免产生抗性。

（3）保护利用天敌。天敌有花蝽、草蛉、瓢虫、寄生蜂等，以寄生蜂控制作用最大，卵自然寄生率达 50%以上，应避免在天敌发生盛期施用广谱性杀虫剂。

(四) 枣瘿蚊

枣瘿蚊又名枣蛆，卷叶蛆。分布于河北、陕西、山东、山西、河南等各地枣产区。

1. 主要症状

以幼虫吸食枣或酸枣嫩芽和嫩叶的汁液，并刺激叶肉组织，使受害叶向叶面纵卷呈筒状，被害部位由绿变为紫红，质硬发脆，后变黑枯萎。枣苗和幼树枝叶生长期长，受害较重。

2. 防治措施

（1）在老熟幼虫做茧越冬后，翻挖树盘消灭越冬成虫或蛹。

（2）枣芽萌动期，树下地面喷洒 30%辛硫磷微囊悬浮剂 200~300 倍液，用药后轻耙，毒杀越冬出土幼虫。发芽展叶期，在树上喷洒 25%灭幼脲悬浮剂 1 000~1 500 倍液、10%氯氰菊酯乳油 2 000~3 000 倍液、20%氰戊菊酯乳油 1 000~2 000 倍液、2.5%溴氰菊酯乳油 2 000~4 000 倍液、25%噻嗪酮可湿性粉剂 1 000~1 500 倍液。

第八章 柿栽培与病虫害防治技术

第一节 建园技术

一、园地选择

柿树适应性强，对土壤要求不严，在瘠薄地、黏土、沙地，pH 值 5~8 均可栽植，但以土层深厚，保水力强的壤土或黏壤土，且地下水位在 1 米以下的最为理想。

二、园区规划

生产小区、道路、排灌系统、防护林的规划设计要合理。

1. 小区划分

生产小区是柿园管理的基本作业单位，小区大小和形状要因地制宜，山区的小区宜小，小区长边应与等高线平行，以利于防止水土流失；平地柿园的小区可大，小区长边应与当地主要害风方向相垂直，以利于防风。

2. 防护林设计

防护林带是风多地和谷口地柿园的保护林带，主林带应与主风向垂直，注意乔灌木结合，提高防护效果。

3. 道路设计

柿园的道路设计应以经济、方便为原则，主路贯穿全园，支路与小区通盘考虑，便于操作。

4. 排灌设施的设计

北方丘陵山区普遍缺水，有条件的地方应设计渗灌或微量滴灌，为柿树高产优质创造条件。山地要搞好水土保持工程，根据地形修梯田、等高撩壕或挖鱼鳞坑，建蓄水池或排水沟。

三、栽植技术

（一）栽植密度

根据品种特性、土壤肥瘠和管理水平而定。一般山地比平地栽植密，瘠薄地比肥沃地栽植密，管理水平高的可以适当密植。栽植宜以南北成行，大行距，小株距。平地行距 7~8 米，株距 5~6 米；山地行距 5~7 米，株距 3~5 米。

（二）栽植时间

春季和秋季均可栽植。春栽 3 月中旬至 4 月上旬；秋栽 10 月下旬至 11 月上旬。

（三）栽植方法

按栽植点挖穴，规格为 60 厘米×60 厘米×60 厘米。栽前，先将苗根在流水中浸 6~12 小时，穴内施充分腐熟的农家肥 2~3 锨，与土拌匀。随即将苗木放入穴栽植，边填土边踏实，栽后灌水，并覆土或盖塑料膜，防止蒸发，以提高成活率。

第二节　果园管理技术

一、土肥水管理

（一）土壤管理

柿树多栽植在山坡或荒滩，土壤瘠薄，理化性能差，保肥保水能力弱，要做好水土保持工作，进行土壤深翻，扩大树盘，结合施用有机肥，改良土壤。

柿粮间作柿园，因行距大，间作物种类可不受限制，但靠近柿树的地方要栽植矮秆作物或豆科作物。成片栽植柿树在幼树期也应种植间作物。实行清耕管理的柿园或树盘，应注意中耕除草，秋季进行深耕。有条件的地方应推广覆草法、穴储肥水、生草法和免耕法。

(二) 施肥管理

柿幼树主要施氮肥，以促进生长；成年树应氮、磷、钾配合，适当补充微量元素。施肥以少量多次为宜。生长后期注意钾肥的施入，磷肥适量即可。一般盛果期大树每公顷施纯氮、磷、钾分别为 200 千克、130 千克和 200 千克。

基肥于秋季采果前 (9 月中下旬) 施入。大树每株施有机肥 100~200 千克，加磷酸二铵 0.5 毫克、硫酸钾 0.5 毫克或氮磷钾复合肥。幼树每株施有机肥 50~100 千克，速效肥适量。

柿树追肥不宜早施。幼树土壤追肥在萌芽时进行。结果树在新梢停止生长后至开花前 (5 月上旬) 进行一次，每株施尿素 0.75~1 千克；前期生理落果后，果实迅速生长期 (7 月上中旬) 进行第 2 次，每株施尿素或氮磷钾复合肥 0.75~1 千克。

根外追肥在落果盛期开始 (5 月下旬或 6 月上旬)，到果实迅速膨大期 (8 月中旬)，每隔 15 天进行一次，可喷尿素、过磷酸钙、氯化钾、硫酸钙及复合肥。

(三) 水分管理

柿喜湿润，土壤湿度变幅过大时生理落果严重。土壤湿度以田间持水量的 60% ~ 80% 为宜。一般情况下，萌芽前、开花前后、果实膨大期灌水，每次施肥后灌水，土壤上冻前浇封冻水。

二、树形管理

(一) 常见树形

柿干性强，顶端优势明显，分枝少，树姿直立的品种，可用疏散分层形；干性弱，顶端优势不明显，分枝多，树姿较开张的品种，宜用自然圆头形；成片栽植，密度较大，可用纺锤形。

(二) 不同时期的修剪

1. 休眠期修剪

栽后按树形结构要求适时定干，选好主枝。休眠期主枝和侧枝延长枝轻短截或缓放，中心干延长枝适当重短截，剪留长度约80厘米。注意调整骨干枝角度、长势和平衡关系，衰弱时及时更新复壮。

结果枝组的培养以先放后缩为主。徒长枝可以拿枝后缓放，也可以先截后放培养枝组。枝组修剪要有缩有放，对过高、过长的老枝组，要及时回缩；短而细弱的枝组，应先放后缩，增加枝量，促其复壮。

生长健壮的结果母枝一般不进行短截。强壮的结果母枝，混合花芽比较多，可剪去顶端1~3个芽。结果母枝过密时，则去弱留壮，保持一定的距离；多余的结果母枝也可剪去顶端3~4个芽，使下部叶芽或副芽萌发预备枝；生长较弱的结果母枝自充实饱满的侧芽上方剪去，促发新枝恢复结果能力，若没有侧芽，也可从基部短截，留1~2厘米的残桩，让副芽萌发成枝。

结果枝结果后没有形成花芽的，可留基部潜伏芽短截，或缩剪到下部分枝处，使下部形成结果枝组。徒长枝可从基部疏去，当出现较大的空隙时，也可短截补空。

2. 生长期修剪

幼树骨干枝延长枝生长至50厘米左右进行摘心，促进分枝，并捎枝、拉枝、开张主枝角度。骨干枝上的新梢长至30~40厘米进行反复摘心，培养结果枝组。强枝摘心后，发出的二次枝仍可形成花芽；弱枝摘心后，顶端容易形成花芽；徒长枝一般留20厘米摘心。开花前后环剥可促进分化花芽，成年树开花前后环剥可减少落花落果。环剥部位一般在大枝基部或主干中下部。

三、花果管理

（一）保花保果

除加强综合管理外，单性结实差的品种，须配置授粉树或进行人工授粉，甜柿一般应进行授粉；花即将开放时喷0.3%赤霉素，可提高坐果率。盛花期环剥可防止生理落果，环剥时间在半数花开放时，环剥宽度一般为0.5厘米左右，在主干、主枝和结果枝组上进行皆可。幼树期喷0.3%~0.5%的尿素，对结果过多的树进行疏果，对肥水不足的树在花前施氮肥，皆可减少落果。

（二）疏花疏果

健壮的幼树，当开花过多时，于花期前后，将部分结果枝的花蕾或幼果全疏除，留作预备枝。在这些结果枝上，当年便能分化良好的花芽。在开花前2周进行疏蕾，每结果枝一般留1个花蕾，新梢叶片在5片以下的不留花蕾，壮结果枝留2个花蕾。留结果枝中部的大花蕾。根据品种落花落果特点多留10%~30%。花后35~45天早期生理落果后进行疏果，首先疏除病虫害果、伤果、畸形果、迟花果及易日灼的果。留果的原则是1枝1果或15~18片叶留1果。

第三节　病虫害防治技术

一、常见病害

（一）柿角斑病

1. 主要症状

角斑病危害柿叶及柿果蒂部。叶片受害初期，在叶面产生不规则的黄绿色病斑，斑内叶脉变黑，病斑颜色加深后变为灰褐色的多角形病斑，边缘黑色与健部分开，病斑大小为 2~8 毫米，上面密生黑色绒状小粒点，为病菌的分生孢子座。病斑背面开始时淡黄色，最后也变为褐色或深褐色，也有黑色绒状小点，但较正面的小。

柿蒂染病时，病斑多发生在蒂的四角，褐色至深褐色，形状不定，由蒂的尖端向内扩展，病斑 5~9 毫米，正反两面都可产生黑色绒状小粒点，但以背面为最多。

角斑病发生严重时，采收前 1 个月即可大量落叶。落叶后，柿果变软，相继脱落。落果时，病蒂大多残留在树上。

2. 防治措施

秋后扫净落叶、落果，并摘净挂在树上的病蒂，消除菌源。加强栽培管理，改良土壤，增施肥水，增强树势，提高抗病能力。6 月中下旬至 7 月下旬，即落花后 20~30 天，喷 1：（3~5）：（300~600）的波尔多液 1~2 次。喷药时要求均匀周到，叶背及内膛叶片一定要着药。君迁子的蒂特别多，为避免侵染柿树，应尽量避免在柿林中混栽君迁子。

（二）柿圆斑病

1. 主要症状

柿圆斑病主要危害叶片，也能危害柿蒂。叶片受侵染后产生圆形浅褐色病斑，以后转为深褐色病斑，中央淡褐色，周缘黑色。病叶逐渐变红，在病斑周围发生黄绿色晕圈，病斑直径一般为 2~3 毫米，个别在 1 毫米以下或 5 毫米以上，后期病斑背面出现黑色小粒点，为病菌的子囊壳。每片叶病斑有 100~200 个，多时达 500 个。发病严重时，从出现病斑到叶片变红脱落只需 5~7 天，落叶后柿果也逐渐变红变软，相继大量脱落。

柿蒂上病斑近圆形，褐色，直径较小，发生较晚。

2. 防治措施

秋末冬初扫净落叶，集中烧毁，消除菌源。6 月上中旬（柿树落花后），喷 1：5：（300~600）的波尔多液，一般年份一次即可，病重年份、地区 15 天后再喷一次。药剂还可用 65%代森锌可湿性粉剂 500 倍液。

二、常见虫害

（一）介壳虫

介壳虫是柿树上的重要害虫，除危害柿树外，还危害其他果树、园林观赏树木和花卉植物。介壳虫以若虫和成虫危害柿果和幼嫩枝条，造成树势衰弱，产量下降，品质变劣。

1. 主要症状

越冬柿园介壳虫在柿树上发生 2~3 代，多数以 1~2 龄若虫在树枝或树干上越冬，少数以受精雌成虫在树枝、树干或多年生草本植物上越冬。介壳虫以若虫和雌成虫固着在寄生枝、干、叶的背面及叶柄和果实表面刺吸汁液，使受害枝条发芽力弱，发芽偏迟；果树营养生长变弱，达不到丰产性状；叶片干枯、畸形，影响光合作用；果实小而畸形，严重的造成落果；同时还会引发柿煤烟病，使受害柿树树势衰弱，产量大幅度降低，给果农造成严重损失。

2. 防治措施

（1）农业防治。柿介壳虫一般为点片严重发生。农业防治措施可有效减少越冬虫源，控制柿园介壳虫的发生与危害，是柿园介壳虫综合防治最有效、最环保的重要方式。一是冬季清园，根据介壳虫的生长、生活习性，介壳虫的发生、危害程度与越冬虫源成正相关。冬季清园可大量清除该虫的寄主，减少越冬虫源，是柿园介壳虫综合防治技术的关键环节。可在冬季柿果采收后，结合修剪、施肥，清除柿园及周边杂草、落叶、落果，特别是多年生杂草，剪除受害枝条，连同其他废弃物集中烧毁或深埋，使越冬若虫和成虫大量减少。二是刷擦若虫，在主害代盛发期，根据介壳虫呈片发生的特性，可用人工刷擦受害枝条，减少虫口密度，控制危害。

（2）生物防治。球孢白僵菌对同翅目昆虫有很强的寄生作用，是同翅目昆虫特别是介壳虫非常有效的天敌。因此，在介壳虫主害代发生初期施用球孢白僵菌对介壳虫危害的控制作用非常明显，即6月下旬用球孢白僵菌喷施于果树上，可有效防止介壳虫的大发生。

（3）药剂防治。根据介壳虫的生育特性，在采取农业措施无法有效控制该虫危害的情况下，应适时进行药剂防治。选择施药适期：一是3月上中旬越冬若虫始发期；二是雄成虫羽化期，分别为5月上旬、6月中下旬及8月上旬；三是主害代若虫初孵期，即6月下旬至7月上旬、8月下旬至9月下旬，在上述时间段内，受害率5%～10%时用药。选择高效、低毒、低残留无公害药剂防治。0.3波美度石硫合剂、65%噻嗪酮可湿性粉剂

800~1 000 倍液、10%阿维·啶虫脒水分散粒剂 180 倍液、25%噻嗪酮可湿性分剂 500 倍液和 20%氰戊·马拉松乳油 1 000 倍液，以上药剂任选一种喷雾，严重受害的果树 7 天后再喷一次。施药时应用高压喷雾器，严格控制药液浓度，药液应均匀喷洒果树全部枝条和叶片背面，确保用药防治效果。

（二）柿蒂虫

柿蒂虫又名柿实蛾、柿钻心虫，俗称柿烘虫。主要危害柿，也危害君迁子。

1. 主要症状

以幼虫蛀食柿果，多从果柄蛀入幼果内食害，虫粪排于蛀孔外。前期被害果幼虫吐丝缠绕果柄，幼果由青色变灰白色，进而变黑干枯，但不脱落；后期幼虫在果蒂下蛀食，蛀处常以丝缀结虫粪，被害果提前发黄变红，逐渐变软脱落。故称柿烘、黄脸柿。

2. 防治措施

（1）刮树皮。冬季刮除树枝干上的老粗皮，集中烧毁。

（2）摘除虫果。生长季及时检查树体，摘除虫果，并将柿蒂摘下，集中处理，可以减轻二代的危害。

（3）树干绑草。8 月中旬以前，在刮过粗皮的树干及枝干绑草诱集越冬幼虫，冬季将草解下烧毁。

（4）喷药。5 月中旬及 7 月中旬，二代成虫盛发期喷 50%敌敌畏乳油 1 000 倍液或 90%敌百虫原药 800~1 000 倍液。

（三）柿星尺蠖

柿星尺蠖又名柿大头虫、蛇头虫等。主要危害柿树，也危害君迁子、核桃、苹果、梨等。

1. 主要症状

初孵化的幼虫食叶背面的叶肉，并不把叶吃透。幼虫老熟前食量大增，不分昼夜危害，严重时将柿叶全部吃光。

2. 防治措施

晚秋或早春在树下或堰根等处刨蛹。幼虫发生时，用猛力摇树或敲树振虫的方法扑杀幼虫，幼虫发生初期，喷洒 50%杀螟硫磷乳油或 90%敌百虫原药 1 000 倍液。

第九章 猕猴桃栽培与病虫害防治技术

第一节 园地选择与规划

一、园地选择

园址应选择在背风向阳，水资源充足，灌溉方便，排水良好，土层深厚，疏松肥沃，pH 值 5.5~7.0，富含腐殖质，交通方便的地区。平地、丘陵地及山地均可种植，山地坡度不能大于 25°，以利于水土保持。

二、园区规划

（一）作业小区的划分

园地面积较大时根据地形划分作业小区。山地建园一般以 15~30 亩为一个作业区；平地建园一般以 30~60 亩为 1 个作业区。作业区的形状以长方形为宜。平地建园时，作业区的长边最好与有害风风向垂直，使树行与长边一致，提高园内植株群体的防御能力。山地建园时，作业区的长边应与等高线平行，使作业区内土壤和温湿度等条件保持基本一致。

（二）道路系统

道路系统分为主道、干道和作业道。一般主道宽 5~7 米，可通行汽车，要求位置适中，贯穿全园，用以连接干道和作业道；干道宽 4~6 米，能通行小型汽车和其他农机具；作业道宽 2~4 米，主要作为人行道。

（三）排灌系统

1. 排水系统

平地果园有明沟和暗渠 2 种。明沟是树间浅沟，园周深沟。沟深度一般为 50~70 厘米，比降一般为 3‰~5‰。暗渠排水是在地下埋设塑管或混凝土管等，形成地下排水系统，不占园地，便于果园机械操作。山地果园的排水，主要是按等高撩壕，或在梯田内侧设排水沟，可与灌溉渠道相结合。

2. 灌溉系统

在果园规划中，首先要解决水源问题，最好是从水库引水灌溉。丘陵地区，在果园附近修蓄水池、小型水库，平时干旱时用蓄水池进行灌溉；每一山头修有蓄水池，蓄水池的大小可根据园地面积和灌溉方式而定。一般每 75 亩果园需储水 60 米^3 左右。一般山地果园除沿排水沟引水漫灌外，还有滴灌和喷灌 2 种方式。滴灌可节省用水，在干旱季节，每个滴头日耗水量为 1.5~2 千克，每树配滴头 6 个，滴头间距为 60~70 厘米，日耗水量 9~12 千克，便可保证树冠下部土壤湿润。另外结合滴灌进行施肥，可省用工。喷灌的装置主要有 2 种，一种是移动式的喷灌机加压喷灌，另一种是固定式的喷灌装置，利用蓄水池与果园的高程差，进行自压喷灌。现代化的喷灌、微喷、滴灌等技术应为首选的灌溉系统。

（四）防风林的设置

在风害较大地区，要先建防风林后建园。防风林建起后，可保护树枝不会被风吹断，果实不会因风大而摩擦发黑，叶子不会被打烂，还能起到防冻作用。如果叶子损伤，翌年花量就很少，结果就少。果子碰伤变成等外果，卖不上好价钱。防风林用的树种很多，主要有杨树、柳树、柏树、女贞、湿地松、桑树等。前面2种树树冠大，防风效果好。据测定，一般防风林有效防风范围在迎风面为林高的6倍，在背风面为林高的25~30倍。在高大乔木中间栽灌木类效果更好。防风林要和主风方向垂直。在园内每隔200~300米栽一道和果园主林带平行的林带，可进一步起到区内防风作用。

栽植防风林时，每1~1.5米栽1株小乔木或灌木。栽后浇足水，加强管理。多施肥浇水，才能长得高、长得大。防风林长大后，每年从内侧靠猕猴桃树体的一面深挖，进行断根，避免林带和猕猴桃争夺肥水。每年夏季、秋季各修剪一次，修成围墙状，将所有下垂、开张角度大的枝除去。留直去斜，减少地面遮光面积，给猕猴桃让路，使其通风透光，不影响猕猴桃的正常生长。

三、栽植技术

（一）品种选择

猕猴桃品种选择常以单果重、果实品质、耐储藏性等经济性状作为良种指标。单果重80克以上、耐储运、产量高、较稳产、果优且价格高的为优选品种。建议湖南地区可选翠玉（中华猕猴桃）、米良1号（美味猕猴桃）、沁香（美味猕猴桃）、丰悦（中华猕猴桃），高海拔地区还可选用楚红、红阳等红心猕猴桃品种。品种配置时，应在一个或若干个作业区内安排同一个雌性品种，使各品种成片栽植，以便修剪、采收、施肥等管理措施的统一实施。此外，由于品种间成熟期不同，须按一定顺序将早、中、晚熟品种依次安排在园内，便于栽培管理，分期采收。

（二）授粉树配置

猕猴桃为雌雄异株，栽植时，应选择配置相应的授粉品种，雌雄株的适宜比例范围为（5~8）：1，其中以8：1采用较多，为了增大果实和提高果实品质，宜采用6：1或5：1的配置比例。为提高产量，改善品质，须配置适宜的雄株授粉，其选配的基本原则是与雌性品种的花期相近；长势强，花量多，花粉活力强，萌芽率高，授粉效果好。

（三）定植技术

1. 定植前的土壤准备

（1）挖沟撩壕。山地建园，按等高线进行撩壕整梯，壕沟线可稍向内侧，梯宽3.5米；平地建园按行距挖沟撩壕，宽1米，深0.7~0.8米。开沟时表土和底土分开堆放，沟内底层压2~3层青（草）料，每亩约2 500千克，红壤地另加400千克石灰，每层青料上盖表土，直至表土用完，上1~2层放畜栏粪、塘泥、腐殖土，每亩约2 000千克，最上面2~3层在每个定植穴的位置施以腐熟的猪牛粪100~200千克或饼肥40~50千克，并充分与土拌匀，再盖一层土，定植沟的土应高出地面20~30厘米。填土时先填表土，后填下层生土。表土肥沃，对根有好处，下层死土回填在上面可以逐步熟化。

（2）准备堆肥。堆肥由土杂肥、腐熟猪粪、鸡粪及菜园土堆沤而成，每个定植穴准备50千克。

（3）定植穴。定植之前在改土的定植线上按株距挖好定植穴，每个定植穴50厘米深，穴内放50千克堆肥，上盖一层土。

2. 定植密度

应根据不同品种、架式和园地条件等来确定。长势弱、树体矮小、土壤较瘠薄的，栽植的密度可大一些；长势强旺、土壤肥沃的，栽植的密度应小一些。山地猕猴桃园，由于其光照和通风条件较好，密度可适当大一些。一般"T"形小棚架为（3~4）米×（3~4）米，每亩栽42~72株；水平大棚架为（3~

4）米×（2.5~3）米，每亩栽 56~89 株；篱架株行距为（2.5~3）米×（3~4）米，每亩栽 56~89 株。

3. 栽植时间

晚秋落叶后（11 月）至翌年的早春发芽前，根据湖南的气候条件，以晚秋落叶后栽植最佳，有利于根系的恢复。早春栽植的时期不宜迟于 2 月底（伤流前）。

4. 定植方法

栽苗时先按行株距打点，再在各点视苗木根系大小，挖 0.3~0.4 米^3 小坑，放入苗根，深度以品种接口部位露出地面 3~5 厘米为宜。最好稍修剪一下苗根再放入，新伤口有利于发新根。将苗根埋土 1/3~2/3 时，向上提苗 2~3 次使根舒展，不要踩踏，继续填土至满；浇足水，使根系和土壤密切接触；水下渗后再填土覆盖，防止土壤过快失水、干裂。

第二节　果园管理技术

一、土肥水管理

（一）土壤管理

1. 深翻改土

深耕结合施用有机质肥料，可以有效地达到改良土壤的目的。深翻时期与深翻时间以采果后结合秋施基肥（10—11 月）进行效果最佳。若劳力不足，深翻也可在冬季封冻前及早春解冻后萌芽前进行。但春季风大、干旱又无灌溉条件的果园，不宜在春季进行。

深翻的深度常以主要根系分布层为准。一般 60~80 厘米。幼树定植后，可逐年深翻，深度逐年增加。开始深翻 40 厘米，然后 60 厘米，最后 80 厘米。

2. 中耕与除草

成年园土壤耕作宜进行 3~4 次。第 1 次在秋季落叶前后，结合施基肥进行。深耕深度在靠主干处稍浅，一般为 5~10 厘米，株行间可较深，常在 20~30 厘米。在营养生长期中，视猕猴桃园土壤板结及杂草生长情况中耕 2~3 次，深度 5~10 厘米。发芽前（3 月上中旬），结合追肥松土一次。5 月上中旬果实迅速生长期，结合除草追肥松土一次。对幼年园，可结合间作的管理，多次进行清除树盘杂草的工作，以保持无杂草疏松的土壤环境。

3. 树盘覆盖

夏季进行树盘覆盖是防止土壤干旱的措施之一。树盘覆盖是利用稻草、杂草、秸秆、锯木屑、塘泥等材料，在旱季前中耕后覆盖于树盘。厚度 20 厘米，近主干处留空隙。旱季过后，要及时翻入土中。

4. 树盘培土和客土

一般每株培土 150~250 千克，培土厚度以 5~10 厘米为宜，培土前，必须先耕松园土，然后耕耙或浅刨，使所培土与原来土壤掺混，切忌形成 2 层皮，即原有土层与新培土分开。也可在秋末冬初将所培（客）土置于树盘周围分散堆放，经冬季冻融松散后，翌春萌芽前将其与原土均匀混合，覆盖在树盘附近。

（二）施肥管理

1. 秋施基肥

早、中熟品种采收后或晚熟品种采收前施入，以有机肥为主，辅以适量化肥。盛果期果园每亩施优质农家肥 3 000~5 000 千克和速效复合肥 50 千克（N-P-K = 15-15-15）。施肥方法，在离主干 100 厘米处挖宽 50 厘米、深 60 厘米的条沟或环状沟，将肥料与土壤混匀后施入或在采果后深翻前，结合灌水撒施于地表。

2. 地下追肥

（1）萌芽肥。3月底至4月初，猕猴桃树体发芽15%左右时施入，N-P-K＝25-10-10，每公顷追施75千克复合肥。

（2）花后肥（膨大肥）。猕猴桃落花后7~10天内，幼果细胞加速分裂及果实膨大前期追施，N-P-K＝18-25-10，每公顷追施75千克复合肥。

（3）优果肥。7月下旬至8月上旬施入，N-P-K＝10-15-20，每公顷追施50千克相应的复合肥，再施入50千克有机肥，以促进果实干物质转化积累。

3. 叶面喷肥

6月后每隔10~15天喷施一次叶面肥，常用叶面肥浓度为尿素0.3%~0.5%、磷酸二氢钾0.2%~0.3%、硼砂0.3%。宜在10时前、16时后进行，最后一次叶面肥在果实采收期前20天进行。

（三）水分管理

1. 灌水指标

土壤湿度保持在田间最大持水量的70%~80%为宜，低于60%时应灌水；清晨叶片上不显潮湿时应灌水；夏季高温干旱季节，气温持续在35℃以上，叶片开始出现萎蔫时，立即进行灌溉；伏旱秋旱应在早晨或傍晚灌水。

2. 灌水时期

萌芽期、花前、花后根据土壤墒情各灌一次水，但花期应控制灌水；果实迅速膨大期根据土壤湿度灌2~3次水；果实采收前15天左右停止灌水；越冬前灌封冻水。

3. 排水

雨季注意排涝，园内出现积水时及时排水。

二、树形管理

（一）常用树形

猕猴桃本身不能直立生长，需要搭架支撑才能正常生长结果。目前栽培猕猴桃采用的架型主要有"T"形小棚架和水平大棚架的架式。为适应这种架式，猕猴桃宜采用"一"字形整形或"X"形。

"一"字形整形的方法是选1条生长强壮的新梢（也可2条，其中1条备用），引缚于植株旁所立的临时小竹竿上，使它笔直向上生长（培养为主干），直至上架。上架后，引缚在架的中央一道铁丝上，以此作为第1主蔓。以后从转弯处发生的副梢中选留1条生长强壮的作为第2主蔓，使其生长方向与第1主蔓相反，从而在架面上形成一个"一"字形的骨架。翌年，在每个主蔓上各培养4个副主蔓，进而在每个副主蔓上培养2~3个侧蔓。对于生长势比较中庸的中华猕猴桃来说，侧蔓往往就是结果母枝，翌年即可由其上抽生结果枝。当侧蔓的长度超过架面宽度时，可任其下垂，只要与地面能保持50厘米左右的距离即可。"X"形整形法与"一"字形整形法基本相同，只是在形成"一"字形后，在每个主蔓上再各诱发1个强壮的副梢同时作为主蔓，从而在架面上形成1个4主蔓的"X"形的骨架，以后在主蔓上各培养若干副主蔓、侧蔓，在侧蔓上培养结果母枝。经过4~5年，枝蔓可布满架面。

（二）不同时期的修剪

1. 幼树及初结果树的修剪

幼树及初结果树一般枝条较少，主要是以培养树体骨架结构和继续扩大树冠为主，促使树体按照所造树形尽快成形，增加枝蔓数量，大力培养结果母枝适量结果。

2. 盛果期树的修剪

盛果期树修剪的主要目的是维护树体良好的骨架结构，保持地上部与地下部营养生长和生殖生长的平衡，延长其经济寿命。

3. 衰老期树的修剪

猕猴桃树进入衰老期后，树势明显衰弱，枝蔓生长势和结果能力下降，果实品质产量下降，结果母枝开始大量死亡，主要任务是对树体进行复壮更新，去弱留强限制开花量，回缩修剪。

4. 雄株的修剪

雄株主要作用是为雌株提供量大、活力高的花粉。修剪重点放在夏季，冬季不做全面修剪，仅对缠绕枝、细弱枝、病虫枝进行回缩和疏除。

三、花果管理

（一）辅助授粉

为了提高坐果率，提高产量，可以进行辅助授粉，辅助授粉一般选择在阳光明媚的天气早晨进行，一般每个果园授粉 3~4 次，每隔 1~2 天授粉一次。辅助授粉的方法有多种，常见的有对花授粉、蜜蜂授粉以及授粉器授粉 3 种。对花授粉是将当天上午刚开放的雄花收集起来，将雄花的雄蕊轻轻地涂抹在雌花的柱头上，每朵雄花可获 7~8 朵雌花；蜜蜂授粉即在果园内放蜂，一般 2 亩猕猴桃园应该放 1 盒蜜蜂，每盒不少于 30 000 头；授粉器授粉是将花粉装入针管接触式猕猴桃专用授粉器，轻轻蘸在雌花柱头上。

（二）疏花疏果

1. 疏蕾

在开花前，根据当年现蕾的情况，把过多的花蕾摘除。双蕾、3 蕾和过于拥挤的花蕾都要摘去。在一个结果枝上，如果花蕾过多，可以摘去顶端和基部的花蕾，保留中部的花蕾。

2. 疏花

在开花时，将侧花，方向、位置不好的花，荫蔽严重的花朵疏掉，有主侧花形成花序的，只留主花。但疏花时，注意留花量比计划留果量多 30% 左右。

3. 疏果

在盛花后 10 天左右开始，首先疏去授粉不良的畸形果、扁平果、伤果、小果、病虫危害果等，保留果梗粗壮、发育良好的正常果。根据结果枝的强弱调整留果数量，生长健壮的长果枝留 4~6 个果，中庸的结果枝留 2~4 个果，短果枝留 1 个果，全树的定果量为 350~400 个果，每平方米架面均匀分布40~45 个果。

（三）果实套袋

给果实套袋后可避免晒伤、防止灰尘农药污染、减少落果、延长储藏时间、改善果实外观，从而提高商品价值。建议选择透气性好、吸水率小、质地柔软的纸袋，套袋时间要把握好，套袋太早，容易伤害茎干，影响果实生长，形成低产，套袋太晚，效果不明显。一般开花后即可套袋，开花后 25 天左右要停止套袋。

第三节 病虫害绿色防控技术

一、常见病害

（一）褐斑病

1. 主要症状

病斑主要始发于叶缘，也有发于叶面的。初呈水渍状污绿色小斑，后沿叶缘或向内扩展，形成不规则的褐色病斑。多雨高湿条件下，病情扩展迅速，病斑由褐变黑，引起霉烂。正常气候下，病斑四周深褐色，中央褐色至浅褐色，其上散生或密生许多黑色小点粒，即病原的分生孢子器。高温下被害叶片向叶面卷曲，易破裂，后期干枯脱落。叶面中部的病斑明显比叶缘处的小，病斑透过叶背，黄棕褐色。

2. 防治措施

（1）冬季彻底清园，将修剪下的枝蔓和落叶打扫干净，结合施肥埋于坑中。此项工作完成后，将果园表土翻埋 10~15 厘米，使土表病残叶片和散落的病菌埋于土中，使其不能侵染。

（2）清园结束后，用 5~6 波美度石硫合剂喷雾植株，杀灭藤蔓上的病菌及螨类等细小害虫。

（3）发病初期用 0.136%赤·吲乙·芸苔可湿性粉剂 15 000 倍液加 80%丙森锌水分散粒剂 1 000 倍液、25%代锰·戊唑醇可湿性粉剂 2 000 倍液或 80%代森锰锌可湿性粉剂 600 倍液树冠喷雾，隔 10~15 天 1 次，连喷 3~4 次，控制病害发生和扩展。2—8 月，喷 1:1:100 倍式波尔多液，减轻叶片的受害程度。

（二）炭疽病

1. 主要症状

猕猴桃炭疽病有 2 种症状：一种是危害叶片，从猕猴桃叶片边缘开始发病，初现水渍状，后变褐色不规则形病斑，病健部交界明显。后期病斑中间变成灰白色，边缘深褐色，病斑正面散生很多小黑点，受害叶片边缘卷缩，干燥时叶片易破裂，多雨潮湿时叶片腐烂脱落；另一种是危害成熟果，病斑圆形，浅褐色，水渍状，凹陷。

2. 防治措施

（1）注意及时摘心绑蔓，使果园通风透光，合理施用氮、磷、钾肥，提高植株抗病力。注意雨后排水，防止积水。

（2）结合修剪、冬季清园，集中烧毁病残体。

（3）在猕猴桃萌芽期，果园初次产生孢子时，5天内开始喷洒50%甲基硫菌灵可湿性粉剂800~1 000倍液、50%二氰蒽醌可湿性粉剂500~1 000倍液或50%氟啶胺悬浮剂2 000倍液。

（三）黑斑病

1. 主要症状

又称霉斑病。主要危害叶片，多发生在7—9月。嫩叶、老叶染病初期叶片正面出现褐色小圆点，大小约1毫米，四周有绿色晕圈，后扩展至5~9毫米，轮纹不明显，一片叶子上有数个或数十个病斑，融合成大病斑呈枯焦状。病斑上有黑色小霉点，即病原菌的子座。严重时叶片变黄早落，影响产量。

2. 防治措施

（1）冬季清园，清除枯枝、落叶，剪除病枝。

（2）春季发芽前喷洒3~5波美度石硫合剂。

（3）发病初期，及时剪除病枝。

（4）发病初期喷洒70%甲基硫菌灵可湿性粉剂1 000倍液，每隔15~20天1次，连喷4~5次可控制病害。

（四）灰霉病

1. 主要症状

主要危害花、幼果、叶及储运中的果实。花染病后花朵变褐并腐烂脱落。幼果染病初在果蒂处现水渍状斑，后扩展到全果，果顶一般保持原状，湿度大时病果皮上现灰白色霉状物。染病的花或果掉落到叶片上后，导致叶片产生白色至黄褐色病斑，湿度大时也常出现灰白色霉状物。

2. 防治措施

（1）加强管理，增强寄主抗病力。

（2）雨后及时排水，严防湿气滞留。

（3）根据天气测报该病有可能大流行时应开展预防性防治，在雨季到来之前或初发病时喷洒50%氟啶胺悬浮剂2 000倍液或50%异菌脲可湿性粉剂1 000倍液。

二、常见虫害

（一）桑白蚧

1. 主要症状

雌成虫和若虫刺吸猕猴桃枝干、叶片及果实的汁液，造成树势衰弱或落叶等，严重的枝干枯死。

2. 防治措施

（1）建立猕猴桃园时，要远离桃、李、桑、梨等果园，避免寄主间传播。

（2）冬季或春季发芽前喷洒3~5波美度石硫合剂。

（3）注意保护日本方头甲、红点唇瓢虫等天敌。

（二）灰巴蜗牛

1. 主要症状

可危害草莓、柑橘和猕猴桃等果树与蔬菜。初孵幼贝只取食叶肉，留下表皮，爬行时留下移动线路的黏液痕迹。成贝经常食害嫩叶、嫩茎、叶片及果实，致使孔洞、折断、落果，发生严重者可造成缺苗断垄。

2. 防治措施

蜗牛发生初期至始盛期用6%四聚乙醛颗粒剂0.5千克/亩撒在果树受害处，也可选用70%杀螺胺可湿性粉剂，每亩28~35克拌细砂子撒施，持效期10~15天。蜗牛、蛞蝓危害严重地区或田块第1次用药后隔12天再施药一次，才能有效控制其危害。

（三）蛀果蛾

1. 主要症状

在猕猴桃园中，只危害果实。蛀入部位多在果腰，蛀孔处凹陷，孔口黑褐色。侵入初期有果胶质流挂在孔外，此物干落后有虫粪排出。蛀道一般不达果心，在近果柱处折转，虫坑由外至内渐黑腐，被害果不到成熟期就提早脱落。

2. 防治措施

（1）建猕猴桃园时，应避免与桃、梨等果树形成混生园，防止食心虫的交错危害。

（2）重点防治二代幼虫危害。可在其孵化期喷施 5% 氯虫苯甲酰胺悬浮剂或 22% 氰氟虫腙悬浮剂 1 000 倍液，共喷 2 次，间隔 10 天一次，效果良好。

第十章 柑橘栽培与病虫害防治技术

第一节 建园技术

一、园地选择

根据柑橘的生长状况，柑橘园区应选择无明显冻害地段，土层深厚，排水良好，有机质丰富，灌溉方便，交通便利的地区。选择地区时，果园要按株定点，保证生产过程中充足的通风透光性。

二、园区规划

柑橘果园规划应坚持山、水、田、路统一规划，开发利用和保护、改善生态环境相结合的原则。果园规划的内容包括小区划分、道路系统、排灌系统、梯地建设（山地果园）、绿肥基地、品种（品系）选配、防护（风）林设置和附属设施（如保管室、储藏室、包装场等）的布局。

三、栽植技术

（一）苗木选择

苗木选择应以当地科技部门推荐的品种为主，坚持做到生态条件相似、非疫区引种、试验示范推广、引种和选择相结合的原则。选择幼树时，首先要看有无检疫性病虫害；其次要求枝梢不被病虫危害且根系发达，苗高在 40 厘米以上，有 2 个以上的分枝，嫁接口高度不低于 10 厘米，茎粗 0.8 厘米以上的幼苗。取苗时不伤及主根、须根，取好后分级、蘸浆，包装好后才可运输。

（二）挖塘定植

种植柑橘，要提前 2~3 个月按照每亩定植的规格（株行距 2 米×3 米）进行挖塘、晒塘，然后将每塘应施的农家肥、化肥和微量元素肥拌入耕作层的熟土中一并施入塘底，在栽培密度适中的基础上，平整、接线、扶直、定植。同一定植墒或同一片地域（梯田），应尽量定植同一高度的幼树苗木，以便后期的生长与管理。苗木定植时，一定要扶正，踩实根部土壤，浇定根水约 50 千克，行与行对齐。

第二节　果园管理技术

一、土肥水管理

（一）土壤管理

柑橘园土壤管理是根据橘园的特点，采取不同的土壤管理模式，创造有利于柑橘生长发育的水、肥、气、热条件。柑橘果园的土壤管理模式主要包括深翻改土、中耕除草、生草栽培、覆盖等。

（二）施肥管理

柑橘的施肥，应满足柑橘对营养元素的需求，以有机肥为主，注意氮磷钾和中微量元素肥的平衡用肥，并采用基施、主干涂施和叶面喷施相结合的立体供给方式，合理使用有机、无机、生物肥等肥料。

（三）水分管理

柑橘园灌溉方式有4种，即沟灌、穴灌、树盘灌和节水灌溉（包括滴灌和微喷灌）。无论哪种灌溉，灌水时间和灌水量都因干旱程度不同而定，一般需要灌水2~5小时，灌水时必须灌透，但又不能过量。合理的灌水量为灌溉使柑橘树主要根系分布层的湿度达到土壤持水量的60%~80%。遇连续高温干旱天气时，每隔3~5天灌溉一次。特别需要注意的是采果前一周不要灌水。

二、树形管理

（一）常用树形

柑橘的树形主要有开心形、圆头形和变侧主干形，但目前生产上主要采用的是开心形。主要方法是培养中心干，一般树干高30~45厘米，树冠高大的还可适当高一些。在离地面50厘米以上短截，保留30~45厘米的强壮枝，剪除其余细弱枝，如果是开心形，只留2~3个强枝，如果要培养圆头形和变侧主干形留3个强枝，其中剪口下的第1个强枝作为延长枝，第2个强枝为第1主枝，在延长枝上培养第2主枝，以此培养第3主枝、第4主枝等。开心形有3个主枝，圆头形有4~5个主枝，变侧主干形有5~6个主枝。

（二）不同时期的修剪

1. 营养生长期的修剪

在苗木定干整形基础上，以整形培养树冠为主，定植后第1年、第2年继续培养主枝和选留副主枝，配置侧枝，使树形紧凑，枝叶茂盛。每年培养3~4次梢，尽快形成树冠，并及时摘除花蕾。

2. 生长结果期的修剪

继续培养树冠，适量结果。每年促发2~3次新梢，枝梢疏密排匀，尽快形成紧凑树冠。植株的中上部分不结果或少结果，修剪以抹芽控梢为主。

3. 盛果期的修剪

树高一般控制在 250 厘米以下，树冠开张，外围凹凸，枝梢生长健壮，绿叶层厚度要在 100 厘米以上，通风透光，立体结果。控制行间交叉，树冠覆盖率 75%~85%。修剪因树制宜，删密留疏，去弱留强；剪上留下，剪外留内；多花树多剪，少花树轻剪。

4. 衰老期的修剪

进行回缩修剪，采用更新或疏删老结果枝群，逼发内膛或下部的新结果枝群，保持萌蘖，删密留疏，排列均称，多花多剪，弱树适当强剪。

三、花果管理

(一) 控花管理

柑橘花量过大，消耗树体大量养分，结果过多使果实变小，降低果品等级，且翌年开花不足而出现大小年。控花主要用修剪，也可用药剂控花。

冬季修剪，修剪时对翌年花量过大的植株，如当年的小年树、历年开花偏大的树等，修剪时剪除部分结果母枝或短截部分结果母枝，使之翌年萌发营养枝。

药剂调控，能抑制花芽的生理分化，明显减少花量，增加有叶花枝，减少无叶花枝。常在花芽生理分化期喷施赤霉素 1~3 次，每次间隔 20~30 天。还可在花芽生理分化结束后喷施赤霉素，如 1—2 月喷施，也可减少花量。赤霉素控花效果明显，但用量较难掌握，大面积用时应先做试验。

（二）保花保果

1. 春季追肥

春季柑橘处于萌芽、开花、幼果细胞旺盛分裂和新老叶片交替阶段，会消耗大量的储藏养分，而此时多半土温较低，根系吸收能力弱。应及时追施速效肥，常施腐熟的人尿加尿素、磷酸二氢钾、硝酸钾等补充树体营养。此外，研究表明，速效氮肥土施12天才能运转到幼果，而叶面喷施仅需3小时。用叶面肥保花保果，可在谢花后进行。

2. 环剥、环割

幼果期环割是减少柑橘落果的一种有效方法，可阻止营养物质转运，提高幼果的营养水平。对主干或主枝环剥，环剥宽度为1~2毫米，可使保花保果的效果良好，且环剥后1个月左右可愈合。春季抹除春梢营养枝，节省营养消耗，提高坐果率。

3. 防止幼果脱落

目前使用的保果剂主要有细胞分裂素类和赤霉素。幼果横径0.4~0.6毫米时即可开始涂果，最迟不能超过第2次生理落果开始时期，若错过涂果时间则达不到保果效果。

（三）疏花疏果

柑橘一般在第2次生理落果结束后即可根据叶果比确定留果数，但对裂果严重的朋娜等脐橙要加大留果量；在同一生长点上有多个果时，常采用"三疏一、五疏二或五疏三"的方法；叶果比通常50∶1~60∶1，大果型的可为60∶1~70∶1。

目前，疏果的方法主要为人工疏果，分全株均匀疏果和局部疏果2种：全株均匀疏果是按叶果比疏去多余的果，使植株各枝组挂果均匀；局部疏果系指按大致适宜的叶果比标准，将局部枝全部疏果或仅留少量果，部分枝全部不疏或只疏少量果，使植株轮流结果。

（四）果实套袋

柑橘果实可进行套袋，套袋适期在 6 月下旬至 7 月中旬。套袋前应根据当地病虫害发生的情况对柑橘全面喷药 1～2 次，喷药后及时选择正常、健壮的果实进行套袋。果袋应选抗风吹雨淋、透气性好的柑橘专用纸袋，以单层袋为宜。采果前 15～20 天摘袋，果实套袋着色均匀，无伤痕，但糖含量略有下降，酸含量略有提高。

第三节　病虫害防治技术

一、常见病害

（一）溃疡病

1. 主要症状

该病主要危害柑橘的叶、果及新梢，受害叶片会出现隆起，形成近圆形病斑，病斑表面木栓化、粗糙，而且会呈火山口状开裂，果实受害后，一般只危害果皮，严重时会引起落果，枝梢枯死。

2. 防治措施

加强田间肥水管理，如果发现病虫害植株，要及时清除，避免正常植株出现感染，如果发生病害，要及时用药剂进行防治。

（二）疮痂病

1. 主要症状

出现病害后，叶片上会出现粗糙的灰褐色痂状斑，并出现扭曲、畸形，枝梢变短小，扭曲，幼果受害形成黄褐色圆锥形木栓化的瘤状突起幼果会早落、果小、味酸、皮厚、畸形。

2. 防治措施

冬季清园时，要及时清除病枝叶并烧毁，发生病害后，可以用77%氢氧化铜可湿性粉剂 500 倍液、50%福美双可湿性粉剂 500 倍液或50%多菌灵可湿性粉剂 800~1 000倍液喷雾防治，效果很好。

（三）炭疽病

1. 主要症状

该病危害叶、枝、花、果等部位，叶片发生病害后，会形成黄褐色的大斑块，病叶易脱落，潮湿条件下病部生粉红色小点。枝梢危害后，会出现灰白色枯死状，花发病后呈褐色，腐烂，易落花。果受害出现黄褐色凹陷的病斑，圆形或近圆形，果肉一般不受害。

2. 防治措施

在增加树势的前提下，加强栽培管理，并在抽梢期、幼果期定期喷药，每隔 15 天喷药一次，防治效果才明显，药剂可选用50%福美双可湿性粉剂 500~600 倍液或65%代森锌可湿性粉剂 500 倍液。

（四）脚腐病

1. 主要症状

该病主要危害柑橘根基部，病部皮层不规则形腐烂，灰褐色，水渍状，有酒糟味，后期引起全株枯死，叶片变黄掉落。

2. 防治措施

防止果园积水，减少根茎部受伤，嫁接口应露出地面。发现病株，要使用波尔多液或50%福美双可湿性粉剂 500 倍液进行涂抹病部，防治效果很不错。

二、常见虫害

（一）柑橘全爪螨

1. 主要症状

成虫、若虫、幼虫以口针刺吸叶、果、嫩枝、果实的汁液。

被害叶面出现灰白色失绿斑点，严重时在春末夏初常造成大量落叶、落花、落果。

2. 防治措施

唑螨酯、乙螨唑、溴螨酯、三唑锡、噻螨酮、甲氰·噻螨酮、联苯·哒螨灵、阿维·氟铃脲等药剂。

（二）柑橘木虱

1. 主要症状

成虫、若虫刺吸芽、幼叶、嫩枝及叶片汁液，被害嫩梢幼芽干枯萎缩，新叶黄化扭曲畸形，若虫排出的白色分泌物落在枝叶上，能引起煤污病，影响光合作用。

2. 防治措施

双甲脒、吡虫啉、噻虫嗪、啶虫脒、噻嗪酮、甲氰菊酯、联苯菊酯等。

（三）橘蚜

1. 主要症状

虫子群集在柑橘嫩梢、嫩叶、花上取食汁液，使新叶卷曲、畸形。幼果和花蕾脱落，并分泌大量蜜露，诱发煤污病，枝叶发黑。

2. 防治措施

吡虫啉、高效氯氰菊酯、吡蚜酮、溴氰菊酯、抗蚜威等药剂。

（四）褐圆蚧

1. 主要症状

可危害叶片、果实和枝梢。受害叶片褪绿，出现淡黄色斑点，果实受害后表面不平，斑点累累，品质下降，危害严重时，会导致树势衰弱，大量落叶落果，新梢枯萎，甚至导致树体死亡。

2. 防治措施

（1）合理修剪，剪除虫枝，使用选择性农药，注意保护和利用天敌。

（2）可选择吡虫啉·噻嗪酮、阿维·啶虫脒、烟碱·苦参碱、噻嗪·哒螨灵等药剂。

（五）柑橘大实蝇

1. 主要症状

主要以幼虫危害果瓤，造成果实腐烂和落果。

2. 防治措施

（1）农业防治。清理病果集中烧毁。生物物理防治，利用性引诱剂，引诱器，引诱粘板诱杀。

（2）化学防治。发生初期用甲氰菊酯、氯氟氰菊酯、噻虫胺杀灭成虫，此虫迁飞性强，注意统防。

（六）柑橘灰象甲

1. 主要症状

成虫危害春梢新叶，叶片被吃得残缺不全，幼果果皮被啃食，果面呈不整齐的凹陷缺刻或残留疤痕，重者造成落果。

2. 防治措施

（1）4月中旬成虫盛发期利用成虫假死性，在树下铺设塑料布，然后振动树枝，将掉落的成虫集中烧毁，连续2次，基本可以消除其危害。

（2）药剂选择。乙酰甲胺磷、三唑磷、顺式氯氰菊酯、高效氯氰菊酯、溴氰菊酯等药剂。

第十一章 杧果栽培与病虫害防治技术

第一节　建园技术

一、园地选择

杧果生长要求阳光充足，喜温暖忌霜冻低温的环境，建园应选择在向阳、土层深厚、排水方便、有灌溉条件的平原或丘陵地。同时，为方便管理，降低成本，还要考虑园地的交通条件和设施。

二、园区规划

按照地形、地貌安排好排灌系统、道路系统和果园的配套设施（包括工具及肥料仓库、田间肥料堆沤池、药剂储藏配制工作间、宿舍、果品处理工场及仓库等），划分好种植小区，在风口的位置上还应设置防护林，如属丘陵坡地则应按照不同的坡度进行等高定穴或修筑梯田，以达到保水、保肥、保土的目的。

三、栽植技术

（一）植穴的准备

植穴的规格可按不同的土质分别对待。土层深厚、土质疏松的土壤，植穴可浅挖，土势较低的可用墩式种植；如果在黏质泥土或浅层有硬砾的土壤中种植，则必须挖穴种植，一般穴的大小为 1 米×1 米×0.7 米（长×宽×深）左右。回填土时应先将杂草放在穴底，表土和底土分别与等量的腐熟有机质肥料混合填回。每植穴需肥料为有机肥 25~30 千克，石灰 1 千克，磷肥 1~1.5 千克。回填土面应高于地面 20~30 厘米，等植穴中的有机肥腐熟及土壤下沉稳定后方可进行定植。

（二）种植的规格

杧果是一种速生快长的高大乔木果树，枝条生长迅速，树冠形成很快，种下四年生的杧果，其树冠的覆盖幅度已达 6.5 米^2，亩种植 50 株的，六年生基本全部封行。因此，在建园时就应该从经济栽培的角度考虑种植的规格，种得太疏会影响早期单位面积的产量，浪费空间；种得过密又会引起早期郁闭，不利于通风透光，易滋生病虫害，影响产量及品质，并增加管理上的困难。所以，既要使果品的产量高，品质好，又能使管理方便，种植的规格就应建立在经济栽培的基础上。按不同的品种采用不同的种植规格，以亩种植 40 株为基础，即 5 米×3.3 米（行距×株距）较为适宜。

（三）品种的布局

品种选择直接关系到杧果商品生产的成败，在选择时不仅要考虑到果品的品质及市场适销程度，更重要的是所选择的品种是否能适合本地区的生态条件，种植后能否稳定地获得产量。同时还要考虑早、中、迟熟种的搭配。

（四）定植的方法

一般杧果种植期以春季为宜，当寒潮已过、气温明显回升、空气湿度大、果苗新芽尚未吐露时栽种，成活率高（3—5 月种植最适宜）。秋植气温高，容易发梢，较干旱，日照强，蒸腾量大，应选择有秋雨的时候种植，才能提高成活率。

移植的杧果苗有带土的和裸根的2种。带土苗易成活，恢复生长较快；裸根苗如果注意起苗质量，根系蘸好泥浆，在运输途中保持根部湿润，定植后加强淋水管理，成活率仍会很高。无论是哪一种苗，种植时都应将每片叶片剪除2/3，以减少水分蒸腾，保持地上部和地下部的生理平衡，有利于成活。定植时应把苗放在植穴中间，注意不要弄破带土苗的泥球，在泥球周围培上细土，培土深度以培至根茎为宜。定植后要淋足定根水，以后视天气情况确定淋水次数。在天气晴朗的情况下，每隔2～3天淋水一次，保持土壤湿润，直至植株恢复正常生长。

第二节　果园管理技术

一、土肥水管理

（一）土壤管理

1. 扩穴改土

结合施肥，栽植后每1～2年，每年秋季，在树冠两侧（每年交替在行间株间）挖条状环沟压青扩穴改土。施用有机肥一次，株施腐熟有机肥25～40千克及钙镁磷肥0.5～1千克。

2. 间作、覆盖与中耕除草

为减少土壤水分蒸发，幼树时进行间作及中耕除草覆盖树盘。

（二）施肥管理

1. 定植基肥

每株施腐熟优质有机肥25～30千克，配合磷肥0.5千克，石灰0.25千克。

2. 幼树追肥

幼树定植成活后应及时追肥，一年施5～6次。每次抽梢后都追肥一次，植后 2 年内，每次每株施人粪尿水肥 5 千克，随着树龄增加，施肥量逐渐增大，每株每次施人粪尿水肥 10 千克。

3. 结果树追肥

（1）果后肥。杧果结果后，果树经过结果和不断抽梢，消耗了体内的大量养分。另外采果前后树体内养分含量降到最低值，如果不及时补充，树势很快衰弱，迟迟不能抽梢，抽梢少、枝短、叶小，导致隔年结果或少结果的大小年现象。这次施肥以有机肥为主，配合速效肥料，施用量为全年总量的 60% ~ 80%。同时结合控制杂草压青，每株施厩肥（农家肥）50 ~ 60 千克，磷肥 0.5 ~ 1 千克，在采果末期，结合修剪时及时追肥。

（2）催花肥。在 10 月至 11 月初花芽分化期，追施催花肥促进花芽分化，株施花生饼（或豆饼）1 ~ 2 千克，缺磷土壤适当补施磷肥。

（3）壮花期。杧果树开花量大，养分消耗多，要求花期追施一次速效有机肥，若催药肥用量充足，植株生长旺盛，这次肥可不施。

（4）壮果。壮果肥谢花后 30 天左右果实迅速生长发育期施下，每株追施厩肥（猪、牛、鸡粪）15 千克，以平衡果实生长发育和抽梢生长对养分的竞争，促进坐果、壮果。

（三）水分管理

杧果各生育时期对水分有不同的要求，需要水分的关键时期是在果实膨大期和秋梢抽发期。在小果膨大期间，一般年份华南地区雨量较充足，无须灌溉。但在果实发育的中期，往往会由于高温骤雨，招致裂果和落果，这个时期应注意适当灌溉，经常保持湿润，防止因土壤干湿变化过大，带来产量损失。果实发育后期至采收前需要有较干燥的环境，这样有利于提高果实的品质和商品价值。

二、树形管理

(一) 幼龄树整形修剪

幼树整形修剪原则上采取轻剪,加速生长,加快分枝,尽快扩大树冠,提早成形。修剪方法主要在生长季节采用摘心、短剪及撑、拉、吊等措施改变枝条位置。

(二) 结果树修剪

进入结果期的杜果树,必须剪除影响主枝生长的辅助枝,着生位置不当的重叠枝,交叉枝以及病早枝控制徒长枝,剪掉过长、过旺枝,促进有效分枝,以增加结果末级梢数和叶面积,生产上分为生长期修剪和采果后修剪。

结果树生长期修剪主要措施为抹芽、疏梢、短截、疏花、疏果。

采果后修剪,每年5—6月采果后及时修剪,具体做法是疏去过密枝、病虫枝、弱枝、衰老枝、下垂枝及截短结果枝,回缩树冠间或树冠内的交叉枝,保持一定的株行距,修剪后一般培养2次秋梢,要求梢茎粗0.8厘米,长35~40厘米,末次秋梢要求7月中旬抽出老熟,停止生长。

三、花果管理

(一) 花期管理

1. 疏花疏叶

在杜果花序刚开始伸长时或心叶暂时没有全部展开前,带叶花穗上的小叶片,只留下叶柄即可。在杜果花序长到6~8厘米时,应当根据果树的长势和墒情,及时疏除果树上发育不良、生长过密以及个小瘦弱的花序,以减少养分消耗,节省养分的有效供应。

2. 引蝇授粉

在杧果花期时，可以把果树行间挖土坑，在坑内倒入稀薄的动物粪便或在树体上悬挂动物尸体、烂肉、死鱼等，以此来吸引苍蝇促进授粉，入园繁殖，但注意在果树谢花后要及时进行灭杀苍蝇。

3. 摇枝落花

杧果花期时，如果遇到空气湿度比较大或持续阴雨天气时，花瓣容易粘连不易脱落，因此，应当进行人工摇晃花枝、促进落花。

（二）果期管理

谢花后至果实发育期，剪除不挂果的花枝以及妨碍果实生长的枝叶；剪除幼果期抽出的春梢、夏梢。谢花后 15~30 天，每条花序保留 2~4 个果，把畸形果、病虫果、过密果疏除，减少套袋后空袋数。

（三）果实套袋

果实套袋可以起到防止害虫侵害、减少病害感染、降低机械损伤、提高果实品质的作用。当果实生长至鸡蛋大小时，就可以进行套袋。套袋前要进行一次喷药防病，应该是当天喷过药的树当天套袋完毕，以避免病菌再度侵染。

第三节　病虫害防治技术

一、常见病害

（一）杧果炭疽病

1. 主要症状

主要危害杧果嫩梢，花穗及果实。受害部分常出现棕黑色的斑点或斑块，在病部常看到粉红色的孢子。严重时造成落叶、枯梢、烂果、落果。

2. 防治措施

采用药物防治：用 30%代森锰锌悬浮剂 400 倍液喷雾有良好的防治效果。

（二）流胶病

1. 主要症状

主要危害杧果枝、茎，引起枝茎流胶，皮层坏死、变形、直至枯死。

2. 防治措施

剪除枯枝，集中烧毁，对刚发病的枝条用刀削开病部涂上 75%甲基硫菌灵可湿性粉剂 100 倍液或波尔多液树干涂白，均有一定的疗效。

（三）白粉病

1. 主要症状

多发生于杧果开花结果期，也危害嫩梢而导致落花、嫩叶脱落。

2. 防治措施

常用的杀菌剂有 0.3~0.4 波美度石硫合剂、20%三唑酮乳油 1 500 倍液、40%硫磺·多菌灵悬浮剂 400~600 倍液等，每隔 10~12 天喷一次，共喷 2 次。

（四）灰斑病

1. 主要症状

多发生于老叶，在叶缘发生不规则病斑，严重时导致叶片脱落。

2. 防治措施

常用杀菌剂有 75%百菌清可湿性粉剂 500~1 000 倍液。

二、常见虫害

（一）杧果钻心虫

1. 主要症状

主要蛀食杧果嫩梢及花序，导致枯梢、枯序，影响生长与开花。

2. 防治措施

防治药剂有90%敌百虫原药、25%速灭威可湿性粉剂、30%氯·马·辛硫磷乳油等。

（二）杧果扁喙叶蝉

1. 主要症状

主要危害花穗和幼果，导致落花落果，并诱发严重的煤污病。

2. 防治措施

主要杀虫剂有：40%异丙威可湿性粉剂1 000~1 500倍液、2.5%高效氟氯氰菊酯水乳剂1 500~2 000倍液。在花序伸长期喷1~2次即可。

（三）天牛

1. 主要症状

其幼虫蛀食老熟枝条的木质，造成枝条空心、干枯，严重威胁杧果生长。

2. 防治措施

主要用敌敌畏注入蛀孔口后封住即可。

第十二章

荔枝栽培与病虫害防治技术

第一节 建园技术

一、园地选择

荔枝对土壤的适应性很强，山地、丘陵地是发展荔枝的主要地区。宜选择山坳谷地及土层深厚疏松肥沃，水、电路较方便的山地。山地坡度不宜超过 30°。

二、园区规划

面积较大的荔枝园要经过规划，综合考虑种植小区，道路布置，排洪系统设置及建筑物的规划。但重点应抓好果园的水土保持工作即修筑等高水平梯田。4°以下的缓坡地，可不开梯田而等高种植。

三、栽植技术

（一）品种配置

荔枝品种，应选择符合当地的气候土壤条件，优质、高产、稳产、抗逆性强、商品性好、适合市场需求的品种。另外，搭配种植一定数量的授粉树，因荔枝是雌雄异花果树，且雌雄花异熟，不同时开放，致授粉成果率比龙眼低很多。

（二）栽植方法

1. 种苗

应选经过嫁接的一年生苗或高压苗，发育生长良好，根系发达的壮苗。

2. 定植时间

一般在春季进行，此时气温回升快，雨水充足，生长快，成活率高。

3. 种植密度

山地果园以每亩 20~25 株为宜。也可考虑矮化密植栽培，但技术要求较高。

4. 挖大穴，下足基肥

若在丘陵地上开垦建果园，则按种植的行间距规格、开成等高梯田带或等高壕沟。按选定的株距定点挖种植穴，穴的规格为长宽深各 1 米，并且每个坑下 40 千克的垃圾肥、绿肥、厩肥及猪牛粪等沤制腐熟的有机肥作基肥。

5. 定植

定植时，一手拿苗，一手轻轻回细土，回土盖至根部以上 2 厘米左右，淋足定根水，然后继续回泥，并在回土高出地面 10 厘米左右时，实行起成树盘，再盖上茅草保湿，苗旁立支柱，防风吹摇松苗造成死苗，定植后若天气晴朗，每隔 3 天淋一次水，雨天则应注意排水防渍，30 天后检查成活情况并及时补种。

第二节　果园管理技术

一、土肥水管理

（一）土壤管理

1. 深翻改土

幼龄结果时期还未完成深翻改土的果园要继续做好深翻改土工作。在树冠滴水线外围开深约 60 厘米、宽约 50 厘米的条状沟分层埋入农家肥料、杂草、绿肥等。

2. 培土

对严重露根的荔枝树，水土流失较严重的丘陵山地荔枝园，培土更加重要。培土时间主要安排在冬季，结合清园时进行，也可安排在采果后进行。

（二）施肥管理

荔枝幼年树施肥可以在定植后一个月进行，在每次新梢抽生之时还要继续施肥，施肥量随荔枝树年龄的增加而增多。幼年树的荔枝根系较少，因此，需要进行叶面追肥来补充枝干营养。结果树的荔枝一年要施一次基肥和 3~4 次追肥。基肥一般在果实采摘后进行，第 1 次追肥在开花前，第 2 次在生理落果后和采果前，其中开花期后施肥需要配合叶面肥，膨果期施用叶面肥来促进果实膨大。

（三）水分管理

荔枝秋梢抽生期、花穗抽生期、盛花期、果实生长发育期，对水分需求量大，此时如遇干旱应及时灌水，保持土壤湿润，灌水量达到田间持水量的 60%~70%。除地面灌溉外，尽量采用滴灌、穴灌、喷灌等节水灌溉方法。12 月花芽分化进入形态时，要求有适度的水分供应，以利于营养的转化，促进花芽分化和花穗的发育。一般中迟熟品种在1—2月土壤过分干燥时淋水1~3次。夏季雨水较多，对于地势低洼或地下水位较高的园地，应清理果园的排水沟渠，及时排除园内多余积水。

二、树形管理

（一）常用树形

荔枝丰产型的树冠多为半圆球形或圆锥形，种植要培养矮干，方便管理，也方便养分的集中供应。修枝每年冬季进行一次为宜，主要修剪交叉枝、过密枝、弱小枝。幼树修剪要树冠均衡。修剪树干要在春季萌芽前完成。

（二）修剪方法

荔枝修剪主要包括采果后修剪和抽梢期修剪。

采果后修剪时间一般在采果后7~15天进行。主要剪除过密枝、阴枝、弱枝、重叠枝、下垂枝、病虫枝、落花落果枝、枯枝等，短截长枝，尽量保留阳枝、强壮枝及生长良好的水平枝；对位置较好且有一定空间的侧枝则适当短截。常年的修剪量多剪至上年结果母枝的中下部，修剪后枝条一般保留25~30厘米长度，必要时可剪至二至三年生枝。对生长过旺的枝条，可在枝条基部环割，对衰老大枝可适当回缩。

抽梢期修剪采用除萌、摘心等方法，疏除过密、过多、弱小的枝芽；过长的枝条采用摘心等方法，一般在新梢5~10厘米时进行，要求粗壮枝保留2~3条梢，中小枝保留1~2条梢，末次秋梢保留一条，冬季花芽分化期（花芽形成期）不宜进行修剪，以免刺激冬梢的发生，对花芽形成不利。由于不同品种枝梢生长特性不同，因此，修剪方法也不完全相同。如妃子笑等品种枝条较为稀疏，发枝力强，采果后以回缩修剪为主；糯米糍等枝条密集，采果后的修剪应以疏剪为主，适当回缩修剪。修剪掉的枝叶及时带出果园集中处理，以减少虫源、病源。

三、花果管理

(一) 控梢促花

秋梢老熟后，在树干光滑处环割深达木质部，割缝宽 1.5 毫米左右，树势弱的环割一圈，树势强的可环割 2~3 圈，然后涂抹微量元素水溶肥（促花王 2 号），防止冬梢抽发，控梢促花，提高果实质量，调节果树大小年。

(二) 荔枝授粉

阴雨天气荔枝授粉授精难度较大，因此，需要借助人工辅助授粉，以此来实现坐果率的提升。另外，荔枝花期较集中，雌花盛开时间短，流蜜量较大，花期果园也可通过放蜂来促进授粉，注意花期放蜂时要停止喷施农药，以确保蜜蜂的安全。

(三) 保花保果

在开花前、幼果期、果实膨大期各喷一次植物阳离子活性剂（壮果蒂灵），增大营养输送导管，保花保果防裂果，提高果实坐果率。在采果前 35~40 天，剪去果穗中的叶片、病虫枝、病虫果、枯枝，喷用低残留或生物农药后用专用套果袋套果。

第三节　病虫害防治技术

一、常见病害

(一) 霜疫霉病

1. 主要症状

荔枝果实在半成熟期容易发生霜疫霉病，会导致果实果蒂出现褐色不规则病斑，后期严重时荔枝果实完全腐烂，失去其食用价值。

2. 防治措施

发生病害后，及时清除病果，腐果的树枝、树叶一并清理修剪置于焚烧处焚烧，以减少病源，荔枝在没有进入成熟期前，使用25%甲霜灵可湿性粉剂800倍液或77%氢氧化铜可湿性粉剂800倍液等常用药剂喷洒树冠，能够起到不错的防治效果。

（二）酸腐病

1. 主要症状

荔枝果实成熟期发病，发病后，病果出现暗褐色病斑，直至荔枝腐烂，果壳硬化呈黑褐色，并生出白色的霉层。

2. 防治措施

酸腐病发病后，使用50克/升溴氰菊酯乳油1 500倍液、80%敌敌畏乳油1 000倍液、80%代森锰锌可湿性粉剂1 000倍液混合液均匀喷洒荔枝树冠，能够有效防治该病。

（三）毛毡病

1. 主要症状

该病主要危害荔枝幼果、嫩芽、花蕊，受到瘿螨侵蚀后发生的病变。

2. 防治措施

发生该病后，使用水、50%敌敌畏乳油调制喷剂，对荔枝枝梢进行喷洒，能够有效防治毛毡病。

二、常见虫害

（一）椿象

1. 主要症状

椿象活动频繁的时候会在荔枝嫩叶与花蕊取食、产卵，并导致荔枝叶片出现褐色病斑，造成大量的营养流失，不能结出荔枝果实，造成产量减少。

2. 防治措施

使用10%醚菊酯悬浮剂2 000~3 000倍液或5%啶虫脒微乳剂1 000~1 500倍液在3月荔枝椿象成虫交尾时喷洒，能够起到很好的防治效果。

（二）尺蠖

1. 主要症状

尺蠖幼虫会在荔枝树下越夏越冬，5月是活动盛期，危害严重时，会将荔枝的嫩叶与花蕊啃食光秃，危害巨大。

2. 防治措施

发生虫害后，使用25克/升高效氯氟氰菊酯乳油1 000~1 500倍液、1.8%阿维菌素乳油1 000~1 500倍液等常用药剂对刚成长的尺蠖幼虫进行喷洒，每隔7天喷洒一次，能够起到很好的防治效果。

第十三章 枇杷栽培与病虫害防治技术

第一节 建园技术

一、园地选择

新建枇杷园应考虑交通、道路、水利设施等基本条件，为根系创造一个良好的土壤环境。枇杷树对土壤适应性很强，但仍以深厚肥沃，pH 值 6~6.5 的微酸性土壤为最好。平地、丘陵、山地都适宜选址建园，但山地坡度不宜超过 25°。若在次适宜区选址，要选择北面有大山、冷空气易于排除的园地。还要注意选择避风处，不宜在西北风口处建园。周围有茂密植被、大水体存在的土地都是首选之地。枇杷忌地性很强，应避免连作或间隔 10 年再种枇杷。

二、园区规划

地址选好以后，应全面规划，合理安排开垦等高梯田道路、水利设施、防风林带、种植品种等。

（一）小区设计

以有利于水土保持、防风、生产操作、排水灌水、交通运输和方便经营管理为原则，小区形状最好为长方形，平地果园小区长边与有害风方向垂直，山地果园采用带状排列，其长边基本为等高线，每个小区面积为 10~20 亩。

（二）道路系统

根据果园的运输量和机械化操作水平，设置主路、支路、小路、作业道等。道路与分区、排灌系统和林带综合考虑。一般主路路基宽 4~5 米，贯穿整个果园各主要山头及主要建筑、设施，并与同外面的公路或铁路相接。支路与主路相接，分布在各小区，路基宽 2.3 米，以能通行小型机动车为度。山区的主路及支路应按公路设计要求，坡度不能太大，可修成盘山路及环山路。小路可连接支路和作业道，设在小区内，宽 1~1.5 米，为园内人力车辆运输、活动的道路。在设计上要与梯田结合。作业道宽 0.5 米，一端通小路，另一端通定植点。道路占地是果园总面积的 5%。

（三）防风林系统

枇杷根系浅，根冠比较小，在我国东南沿海台风频繁的山丘地带种植，极易被大风吹倒或连根拔起。营造防风林带，可降低风速，提高空气相对湿度，调节温度，改善果园的生态环境条件，保护枇杷果园免受风灾，减轻冻害。防风林的营造，应在枇杷定植前 1~2 年开始种植或与果树栽植同时进行。为避免防风林对果树的影响，应在林带与果树间空出 10 米的距离作为隔离区，并挖一条深沟切断防风林根系，以免与果树抢肥。防风林包括主林带和副林带，组成防风林网。主林带必须与有害风方向垂直，栽植 5 行树。副林带与主林带垂直，栽植 3 行树。林带种植株行距，乔木 1.5~2.3 米。防风林应选择适应当地环境条件、速生、寿命较果树长久、与果树没有共同病虫害、经济价值高的树种，如杉、竹、女贞、樟、桉等，并将乔木与灌木混植。

（四）排灌系统

枇杷果园的排灌设施，包括水源、灌溉及排水系统。要求干旱能灌，洪水能排，中雨水不流失，大雨土不下山。水源以蓄为主.可从山下的河、塘、水库抽水上山，在果园高处修建小型水库蓄水，园内适当地点建造蓄水池等。灌溉系统根据本地情况及条件进行，滴灌、微喷灌等。山地果园通过梯田背沟及纵沟排水。纵沟排水，因雨水高度集中，流速快，应用砖或石块砌成、自上而下，逐步加深加宽，沟底修成阶梯，可以减少水流对沟底的冲击力，减轻破坏。平地要开深沟排水，沟深视当地地下水位高度和雨量分布而定。一般排水沟深 70~80 厘米，畦沟深 40~50 厘米。地下水位高，雨量大而集中的深些，反之较浅。为便于机械化操作，也可以采用暗沟。

（五）水土保持

水土保持包括工程措施及生物措施。修筑等高梯田是其中最基本的一项工程措施，生物措施主要是造林、种植地被及护坡护埂植物。对于不便做梯田的山地，可以修筑鱼鳞坑。

（六）房屋规划

种植园的库房、产品分级包装以及储藏加工，均需一定的建筑面积，现代种植园，还应有观光园、寓教园、休闲园。在规划设计上应具备停车场，有餐饮、休息娱乐的活动场所。

三、栽植技术

（一）栽植时间

枇杷在冬季较冷的地区，为避免冻害应在春季定植。南方大部分地区冬季温暖，在 9 月至翌年 3 月均可定植，但以 10—11 月为最好。

（二）苗木处理

苗木栽植前一定要用多菌灵等杀菌剂浸泡 15~30 分钟，浸泡苗木至嫁接口 10 厘米以上，此为提高成活率的关键措施之一。

打泥浆栽植，枇杷叶大蒸腾量大，栽时应剪去所有叶片的 1/2~2/3，嫩梢全部剪掉。每天叶面喷水 3~4 次。

（三）栽植密度

对矮密早果园可按株行距 1 米×3 米或 1.5 米×2 米（亩栽222 株）和 2 米×3 米（亩栽 111 株）几种方式栽植。

（四）栽植方法

栽植时应将根系分布均匀，分层压入泥土以刚盖到根茎部为宜，并使根茎部分高于周围地面 10~20 厘米。然后在植株周围筑土埂，在土埂内浇灌定根水，每株浇水 20~25 千克，浇足浇透是提高苗木成活率的关键。待水透入土壤后再盖上一层细土，最后用薄膜覆盖树盘 1 米^2 的范围，以保持土壤湿度和提高地温。栽后若长久干旱应继续浇水。

第二节　果园管理技术

一、土肥水管理

（一）土壤管理

1. 间作及覆盖

幼龄果园应利用行间，间作矮秆作物（如蔬菜、豆类或生草等）以增加前期的经济收入，但间作必须留足窝盘 1~1.5 米，通行更好。

覆盖是利用秸秆、绿肥、杂草等有机物质或地膜将树盘覆盖，有机物的厚度 15~20 厘米，盖杂草时注意不得带有草种及恶性杂草，覆盖后可保温，防水土流失，提高土质肥力，消除杂草，实行免耕减少病虫危害，增产增收。

2. 改良土壤，增施有机肥，提高土质肥力

秋季在初花期前 20 天结合施基肥在根系滴水为界外缘 20~

30 厘米处，开沟扩穴，避免伤根，沟深、宽各 20~30 厘米，将挖出的表土与腐熟的有机肥分层填入，用锄混合，底土放在面上，让其风化。

（二）施肥管理

1. 幼年果树

幼树施肥主要是为了促进幼树生长，尽快形成树冠，提前开花结果，施肥要根据它的全年生长、四季抽梢的特点进行。一般要在各次新梢萌发前施一次促梢肥，隔 15 天后在新梢抽发时再施一次壮梢肥。幼树施肥要淡，以腐熟的人畜粪肥或速效氮肥为宜，做到勤施薄施。

2. 成年果树

成年结果树一般全年施 3~4 次肥。第 1 次在 1—2 月，谢花后到幼果生长期，以钾磷肥和有机营养肥为主；第 2 次在 5—6 月，果实采收后施肥，主要是恢复树势、促使枝梢抽生，施肥量要多，占全年施肥量 50%~60%；第 3 次在 9—10 月，开花前施用花前肥，以迟效肥为主，亩施三元复合肥（15%）30 千克与粪水 1 500 千克。

（三）水分管理

1. 灌溉

冬春枇杷坐果期在 8 月至翌年 3 月，从 11 月至翌年 5 月旱季中，需延续灌溉，成年树每隔 15 天浇水一次，每次用水 100 千克，灌溉于树盘，可采取滴灌、滴喷灌。旱季中每一株结果树需水约 1 000 千克，每次灌溉后表土稍干时在树盘内盖干草或浅松土保墒。伏旱期也要灌溉。

2. 排水

枇杷既不耐旱又不耐涝，雨季排水极为重要，不论大树或小树，湿涝淹水容易死亡或诱发枝干糜烂病及白纹羽病导致死亡。

在雨季到来之前，平地果园要把深沟厢整理通畅，山地果园要开好背沟、沙凼，做到落大雨随落随排，维持地面干燥、降低地下水位、打消积水层。但是，最后的秋雨要保蓄，沟中分段筑小坝堵水即可起到蓄水的功能。

二、树形管理

（一）常用树形

枇杷树的整形有很多种，它的树形可以是主干形、双层杯装形等，双层杯装形是用的最多的，具体为定植后在距离地面50~60厘米处进行修剪，将主干剪短到一定的长度，第2层的主枝不能和下层重叠，选择长势好的3~4个主枝进行重点培养即可。

（二）修剪

对幼年树（一至三年生，整形期间），一般不剪，让其多发枝梢，除让主枝保持预定角度生长外对其余枝梢均在7月新梢停止生长时对其扭梢、环割。将从中心干发出的非主枝拉平，促使早成花，对过密枝在第2~3年适当疏除即可。

成年树主要在春季和夏季进行2次修剪，春季修剪在2—3月结合疏果进行，主要疏除衰弱枝、密生枝和徒长枝等，增加春梢发生量，减少大小年。夏季修剪在采果后进行，主要删除密生枝、纤弱枝、病虫枝以利改善光照，对过高的植株回缩中心干，落头开心。并对部分外移的枝进行回缩，使行间保持0.8~1米的距离，株间不过分交叉，疏除果桩或结果枝的果轴，以促发夏梢，达到年年丰产。

三、花果管理

（一）促花措施

枇杷密植园在当年夏梢停止生长后，对树势较旺的尤其是抽出春夏二次梢的植株均应在 7—8 月采取措施促进花芽分化，使其在秋冬开花结果。主要方法如下。

（1）7 月上旬和 8 月上旬各喷一次多效唑。

（2）在 7 月初，夏梢停止生长时将枝梢拉平，扭梢、环割（割 3 圈，每圈相距 1 厘米）和环剥倒贴皮等。

（3）在 7—9 月注意排水工作、保持适当干旱。

（二）疏花疏果

枇杷春、夏梢都易成花，每个花穗一般有 60～100 朵花，但只有 5% 的花形成产量，所以必须疏除过多的花，尤其是大五星枇杷为了生产优质商品果，必须疏除相当部分花和幼果。疏花在 10 月下旬至 11 月进行，对花穗过多的树，应将部分花穗从基部疏除；中等树可将部分花穗疏除 1/2。总之，根据花量确定疏花的多少。适当疏花后，可使花穗得到充足的养分，增加对不良环境的抵抗力，提高坐果率。疏果则在 2—3 月春暖后进行为宜。疏除部分小果和病果，每穗按情况留 1～3 个果即可。

（三）保花保果

对部分坐果率低的品种和花量少的植株，以及冬季有冻害的地区，都应实行保花保果，多余的果则在 3 月中旬后疏除，以确保丰产。保花保果的主要方法如下。

（1）11 月上旬（开花前），12 月下旬（花后）和翌年 1 月中旬各喷一次 0.8% 氯吡脲可溶液剂（可参照说明使用）。

（2）谢花期用赤霉素叶面喷施可提高坐果率。

（3）花开 2/3 时用 0.25% 磷酸二氢钾（KH_2PO_4）加 0.2% 尿素和 0.1% 硼砂叶面喷施可提高坐果率。

（四）果实套袋

果实套袋可防止发生紫斑病、吸果夜蛾及鸟类危害，减少雨后太阳暴晒时造成的裂果。同时可避免药液喷洒在果面上，还可使果实着色好，外表美观，提高果品品质和商品价值。套袋时间以最后一次疏果后进行为宜，一般在 3 月下旬至 4 月上旬，套袋前必须喷一次广谱性杀虫杀菌剂的混合药液。所用套袋纸可用旧报纸和专门的果实袋。大型果可一果一袋，小果则一穗一袋。先从树顶开始套，然后向下，向外套。袋口用线扎紧，也可用订书机订好。

第三节 病虫害防治技术

一、常见病害

(一) 腐烂病

1. 主要症状

腐烂病主要出现在根茎主干的位置，侧枝患病现场较少。枇杷出现腐烂病的主要特征是枇杷树出现树皮开裂和流胶的情况，根茎主干发生软腐，腐烂病通常易出现在郁闭潮湿的枇杷园内，并且阳光暴晒的西面出现较多。

2. 防治措施

强化培育和肥水管理，增强树势，定期将树身的病斑去除，被刮的树皮就地焚烧，并涂抹一定的药剂，促进伤口的生长恢复。

(二) 叶斑病

1. 主要症状

叶斑病分为角斑病、斑点病和灰斑病，是枇杷的主要病害。叶斑病对枇杷的危害较大，对树势生长产生不利影响，甚至会导致枇杷树落叶、叶片僵化和早枯现象，造成枇杷生长缓慢、降低产量。

2. 防治措施

提高果园管理能力，增强树的抗病能力，增强树势生长。同时，在采果后萌芽初，可采用代森锰锌进行预防；孕蕾前，可以给予一定剂量的石硫合剂或甲基硫菌灵，增加抗病害能力和补充钙、铜。

(三) 叶尖焦枯病

1. 主要症状

这种病可能造成枇杷生长衰弱，不能结果。初时叶尖变黄，后向下扩展，最后呈黑褐色焦枯。病叶轻则1厘米左右长的叶尖焦死而变成畸形，重则2~3厘米病株叶片僵化，可能提早脱落，造成叶片细小的情况。

2. 防治措施

初发芽时进行疏芽工作，保留壮芽。夏季整枝时进行拉枝，使树冠高度不超过2.5米。秋季整枝时，为防止封行，将生枝条或枝组进行外移回缩。对果园内发生病虫害果实和花穗进行清理，将枇杷树的老皮刮除，并进行焚烧或深埋。

(四) 裂果病

1. 主要症状

在果实快速生长的时期，如遇到干旱后突降大雨，会使果肉细胞迅速增大，造成外果皮开裂和胀破。

2. 防治措施

遇干旱及时灌水，雨季及时排出积水，使土壤水分保持相对均衡。在幼果迅速膨大期，勤根外追肥，如喷0.2%的尿素、硼砂或磷酸二氢钾等。

二、常见虫害

（一）梨小食心虫

1. 主要症状

梨小食心虫主要危害果实和枝干的韧皮组织。早期被危害的果实多中途夭折；后期被害果实内虫粪多，不能食用；枝干上幼虫蛀入表皮内，啃食皮层；苗木嫁接口愈伤组织也常被啃食，蛀断枯死。初龄幼虫乳白色，后呈淡红色，成熟幼虫头部黑褐色，在枝干皮部或嫁接口结白色茧越冬。一般4月上旬开始危害，直到10月上旬。

2. 防治措施

（1）在冬前深翻土壤，将树盘内10厘米深的表土埋入施肥沟30厘米以下，破坏梨小食心虫越冬场所，消灭土层越冬的幼虫。在春季越冬幼虫出土前清除杂草，整平土地，在树干周围培土厚度20厘米左右，使越冬幼虫窒息死亡。

（2）在蛀果幼果脱果前，及时摘除虫果，带到果园外，集中深埋处理。

（3）可在园内挂性诱剂器，诱杀雄蛾，一般每亩挂3~4个。

（4）在越冬幼虫连续出土，出现日突增或性诱剂诱到一只雄蛾时，立即开始地面施药。可用药剂有球孢白僵菌粉，施药前整平地面，施药后及时锄入土中。

（二）枇杷黄毛虫

1. 主要症状

黄毛虫是枇杷主要害虫，多危害嫩叶，严重削弱树势；一代幼虫也危害果实，啃食果皮，影响外观甚至失去食用价值。幼虫白天潜伏在老叶背面或树干上，早晚则爬到嫩叶表面危害，严重时新梢嫩叶全部被毁，影响树势。

2. 防治措施

可采用人工捕杀，消灭叶片主脉上和枝干凹陷越冬蛹，消灭嫩叶上幼虫。各次新梢萌生初期，发现危害应及时喷 80%敌敌畏乳油 800~1 000 倍液或 20%氰戊菊酯乳油 4 000~5 000 倍液。果实成熟采收期，禁用使用任何杀虫剂。

(三) 舟蛾

1. 主要症状

别名舟形毛虫，是危害枇杷叶片的主要害虫，专食老熟叶片，一开始啃食叶肉，最后剩下表皮和主脉。1 年发生一代，以蛹在树干附近的土中越冬，7 月分化，在傍晚活动。产卵于叶背，10 粒排成一块，8 月下旬孵化，1~2 龄幼虫群集危害，头向外整齐排列在一张或数张叶背上危害，被害叶呈纱网状，一树上发生的虫口极多，早晚取食，很快将整株树的叶吃尽，幼虫受惊时有吐丝下垂的假死现象。9—10 月老熟幼虫入土越冬，幼虫初为黄褐色，后为紫褐色。

2. 防治措施

冬季中耕，挖除树干周围土中的蛹茧，8 月下旬集中捕杀集群的低龄幼虫。若幼虫已散开取食，可选 20%氰戊菊酯乳油 5 000 倍液或 20%甲氰菊酯乳油 3 000 倍液。

第十四章 龙眼栽培与病虫害防治技术

第一节 建园技术

一、园地选择

选择园地时应避免在经常有大风吹刮（特别是正迎西北风）的地段，或在易有冷空气沉积的地段建园，选择土壤疏松、土层深厚、透气性好、保水保肥能力强的红壤土、黄壤土、沙壤土、冲积土等土壤，要选择靠近水源的地段建园，良好的灌溉条件是龙眼获得丰产稳产的保证，如能引水建池，保证喷药和干旱浇灌，坡地也可发展种植。

二、园区规划

园地规划要根据地形地势安排有利于交通运输的主干道和机耕道，栽培龙眼需水量较大，建立一个完备的灌溉系统有利于龙眼丰产栽培，管道灌溉系统包括水源、提水设备、蓄水池、化粪池、输水管道等，丘陵山地在种植前要修筑水平梯田，或先沿等高线定穴种植后开水平梯田，提高土壤保水保肥能力。

三、栽植技术

（一）品种选择

栽培品种的选择主要取决于市场的需求、品种在栽培地区的适应性和栽培技术水平等。

（二）定植方法

1. 密度

龙眼种植不宜过密，以每亩 30～50 株为宜，且株行距 4.5 米×5 米、4 米×3 米。

2. 挖穴

定植穴的大小主要决定改土有机质肥的多少，应不小于长×宽×深为 0.8 米×0.8 米×0.6 米，填穴基肥主要有表土、杂草、塘泥、垃圾和猪牛栏粪、鸡粪，可分层或混合回填穴，一般回填后沤 1~2 个月后再种植。

3. 选苗

选苗是一个重要的技术环节，要求品种纯正，植株生长健壮，叶色浓绿，须根发达，无病虫害，嫁接苗嫁接口以上有 2 个以上老熟枝梢，主干老化、叶片黄化的老残苗和生长过小的苗木不宜种植。

4. 定植

除了冬季不种植外，其他季节都可种植，一般以春季（春梢未抽出生长前）定植更好，定植以定植穴的松土下沉坐实后根茎部平地面或深入地面 3～5 厘米为适宜，使土壤与根系充分接触，并淋足定根水，定植后淋水使土壤保持湿润，注意尽量避免在雨天种苗，种植带泥苗不能把泥团弄散，种植裸根苗要使根系充分外展、分布均匀。

第二节　果园管理技术

一、土肥水管理

（一）土壤管理

1. 中耕松土

每年进行果园中耕松土 3~4 次。第 1 次在 2—3 月。用锄浅松土一次，深 4.5~6 厘米，使土壤疏松，以利于新根萌发；第 2 次在采果前后，浅松土一次，结合施肥，以促秋梢萌发；第 3 次在 11 月进行深翻土，用锄掘深 12~13 厘米，以切断一部分细根，适当抑制冬梢的萌发，以利于花芽分化。

2. 杂草的管理

龙眼园杂草的管理常用的 2 种传统方法：人工铲除和喷施化学除草剂。这 2 种方法常会导致果园水土流失，土壤表面因无遮挡导致温度过高，影响龙眼根系的活动从而影响果树的生长。因此，提倡龙眼园采用树盘清耕加覆盖、行间株间等有空间的地方采用定期人工刈割自然杂草或人工种植良性草的管理方法。

3. 深翻压青

龙眼根系需要一个疏松透气的土壤环境。深翻压青可以直接增加土壤有机质，改善土壤的通透性和保肥保水性，利于根系的生长和对矿质营养的吸收。

一年四季均可以进行深翻压青工作，以夏秋雨水充足，绿肥杂草较多时深翻压青效果最好。沿树冠滴水线挖深 40~50 厘米，宽 40~50 厘米的圆形沟或条形沟，每株压杂草或绿肥 20~25 千克，石灰、钙镁磷肥各 1 千克，土杂肥 20~30 千克，分层施下；覆土高出地面 20~25 厘米。

（二）施肥管理

1. 幼龄树施肥

一般幼龄树施肥应少量多次，薄肥轻施。刚定植的龙眼苗在次新梢充实后即可施肥，以稀薄人粪尿为佳，稀的尿素溶液也可，每月施 2~3 次，随着植株的生长逐渐增加浓度和施肥量，掌握在每次抽梢前施用。春梢萌发前应施一次有机肥作为基肥，秋梢萌发前适当加重氮肥，秋梢充实后宜增加磷、钾肥，减少氮肥比例。幼树发育的前几年以氮肥为主，后几年适当增加磷、钾肥的比例。

2. 成年树施肥

（1）花前肥。一般每亩施用高氮复合肥 20~30 千克（每株 1~2 千克），在 3 月中旬至 4 月上旬施用，宜早不宜迟。此期常遇高于 18℃的天气，应注意防止施用过量氮肥引起冲梢，进而影响产量。施肥时间若上年冬季和当年早春遇到低温花穗抽发有困难的，则在 1 月下旬至 2 月初施一次促穗肥。

（2）壮果肥。一般施用高钾复合肥 20~30 千克（每株 1~2 千克），施肥时间可在次生理落果后的 6 月上中旬，幼果黄豆大小时，根据树势及结果量进行追肥，假种皮迅速生长期的 7 月中旬可以视情况再施一次。

（3）采果肥。相当于基肥的作用，可分为采前肥和采后肥 2 种。根据龙眼的生长特性，应以采前肥为主，一般在采果前 10~15 天施用，每亩施用复合肥 20~30 千克（每株 1~2 千克）。对于当年挂果多、弱树、老树、采后抽梢有困难的，在采后再次施用高氮复合肥，促发秋梢。

（三）水分管理

龙眼对于水分的需求比较敏感，如遇到高温干旱的天气，尽可能做到多次少量的浇水方法，须一直保持果园的土壤湿润。防止因为浇水太多出现积水的问题，从而出现烂根的情况发生。龙眼不同的生长时期对水分的需求不相同，在灌溉的时候水分不能太多，也不能太少，要根据天气情况以及龙眼的生长周期对水分进行供给。

二、树形管理

(一) 常用树形

龙眼树常用树形为自然圆头形。一般在定植后 2~3 年内，主干 0.5~1 米，有 3~4 个主枝均匀分布以后，逐年修剪，增加分枝级数，最后形成圆头形树冠。

(二) 不同时期的修剪

1. 幼树修剪

栽种龙眼树之前，可将多余的枝叶剪掉，只留下主干即可，因为当幼树成活之后，又会长出新的枝芽，这时需要将长得过于杂乱和弱小的枝叶剪掉。

2. 培养母枝

母枝的培养就是为了提高龙眼的结果，通常是在原有的结果枝上面，预留新的结果枝。结果母枝首先是选用最后一次老熟的秋梢，在龙眼采收后进行预留，并培育成壮枝。其次是将结果量少的结果枝进行剪除，合理地控制结果枝的数量，预留最佳的结果枝，保证龙眼的产量。

3. 春季修剪

春季修剪是龙眼树保持一个好树冠的必要修剪条件之一，春季修剪时要结合疏花疏果同时进行，轻剪为主。

4. 秋季修剪

秋季修剪主要是为了保持树形以及进行树冠的整形修剪。要将长势过于茂盛的枝条进行修剪，同时将树冠中长势较弱的树枝修剪掉，以及采收完龙眼后的枝茬、病枝、虫枝、杂乱枝、密枝、老枝、枯枝等修剪掉，改善龙眼树整体的生长情况，同时增强树冠的通透性。

三、花果管理

（一）培育健壮花穗

（1）促进花芽按时萌发生长。在正常年份，龙眼在 1 月下旬至 2 月初开始萌发花芽，是促进龙眼成花的关键技术措施之一。具体措施是控冬梢不宜过度；遇旱灌水；轻施水肥和喷叶面肥；喷复合细胞分裂素，春节前后喷施促萌发。

（2）消除小叶对花穗形成的影响。在花穗生长发育期若出现小红叶，及时人工摘除或用乙烯利脱小叶。

（3）花穗生长发育期遇旱或受冻等因素停止生长，须及时采用灌水、施肥等方法促进花穗的生长发育。

（4）在花穗长至 20~25 厘米花穗现蕾时喷一次 10% 多效唑可湿性粉剂，培养短壮花穗，提高雌花比。

（二）授粉受精

放蜂和人工辅助授粉；花期遇雨，及时摇树防止沤花；花期遇旱，及时给土壤灌水和叶面喷水保湿，保证正常授粉受精。

（三）疏花疏果

一般在 3 月中旬花穗发育刚完成至开花前进行疏花；在 5 月下旬至 6 月初小果发育至黄豆大小时疏果。具体方法及要求如下。

（1）疏去病穗、弱穗和生长不良的花穗，保留生长健壮的花穗，减少养分消耗，提高坐果率。

（2）树冠顶部多疏，中下部少疏，以防止树冠顶部挂果过多而通顶，造成夏日直射树干，削弱树势。

（3）去外留内，去主留副，折上留下。即把树冠外围的花、果穗多疏一些，保留较多树冠内围的花果，同一基枝上有2穗或多穗时，疏去主花穗，留副花穗，或疏去上部较长的花穗，保留下部短壮穗。

（4）疏果应疏去坐果稀少的果穗，保留坐果多而紧凑的果穗，但如果单穗坐果过多则应适当疏去一些侧穗，适当减少单穗挂果量。

（四）果穗套袋

果穗套袋有助于预防害虫和蝙蝠等对果实的伤害，使果实外皮光滑鲜黄，裂果减少，提高商品质量。试验证明，用塑料网纱袋套龙眼果穗，不仅可以通风，还有一定遮光度，可降低中午果面温度 0.2~1.5℃，减少幼果日灼的发生，起到防虫和防蝙蝠作用。

第三节　病虫害防治技术

一、常见病害

（一）藻斑病

1. 主要症状

龙眼藻斑病危害造成树势衰退，产量下降。龙眼树叶片的正面和背面均可发病，以正面居多。叶片上先出现点状病斑，灰白色至黄褐色，后向四周呈辐射状发展，形成圆形稍隆起的毡状物形斑，边缘不整齐，灰绿色或暗褐色，病斑表面有纤维状细纹，直径 2~15 毫米，后期色泽变深褐色，表面也较光滑。嫩枝受害病部出现红褐色毛状小梗，病斑长椭圆形，严重感染时枝梢干枯死亡。

2. 防治措施

（1）加强龙眼树栽培管理，合理施肥，及时修剪，清除病枝、叶，避免过度荫蔽，保持通风透光环境，提高植株抗性。

（2）在龙眼树生长季节可喷洒 0.5%～0.7%半量式波尔多液或在叶片上先喷洒 2%尿素或 2%氯化钾后，再喷络氨铜、松脂酸铜等铜素制剂效果最好。

（二）酸腐病

1. 主要症状

龙眼酸腐病多在果蒂部开始发病，发病初期病部发生褐色小斑，后期逐渐变暗呈褐色大斑，且腐烂。内部果肉发霉并有酸臭味。果皮硬化，外表皮有白色霉状物，颜色呈暗褐色，有酸水流出。

2. 防治措施

（1）加强栽培管理增施腐熟有机肥，合理灌溉，增强树势，提高树体抗病力。

（2）科学修剪，剪除病残枝及茂密枝，保持果园适当的温湿度，结合修剪，清理果园，将病果及落果及时清除，减少病原。

（3）注意防治荔枝椿象、果蛀虫等昆虫。

（4）适时采收，最好选择晴天进行采收，采收时注意避免果实受伤，发现有病果及时拣出，防止病健果接触传播。

（5）选择较抗病品种。

二、常见虫害

（一）龙眼瘿螨

1. 主要症状

龙眼瘿螨的成螨、若螨及幼螨均能取食危害龙眼的叶片，但只危害老熟的叶面组织，以口器刺入叶面细胞吸取汁液，尚未发现在叶背危害。细胞被破坏后，先是被害部位产生湿润状，继而变灰褐色，最后成为紫褐色。被害叶片光合作用降低甚至完全丧失，寿命缩短。由于叶面角质层未被破坏，叶面光泽不退，尤其是在冬季大量表现危害状时，常被误认为是季节性生理变化或因看不到虫体而认为是由病害引起。

2. 防治措施

对密植的果园要舍得砍树，使果园种植密度合理，通风透光。对荫蔽的内膛枝、下垂枝或过密枝条要及时剪除。一旦发现有被害枝梢，应立即将其剪除并烧毁。药剂防治可用 15%哒螨灵乳油 1 500 倍液或 240 克/升螺螨酯悬浮剂 4 000~6 000 倍液对受害植株进行喷雾。

（二）龙眼白粉虱

1. 主要症状

若虫在叶片背面吸食汁液，造成叶片褪色、变黄、萎蔫，严重时整株枯死。同时它分泌的蜜露对叶片造成污染，滋生真菌，影响叶片光合作用。

2. 防治措施

（1）清除前茬作物的残株和杂草。

（2）黄板诱杀。

（3）生物防治。保护地栽培在扣棚后，当白粉虱成虫平均在 0.2 头/株以下时，每 5 天释放丽蚜小蜂成虫 3 头/株，共释放 3 次。丽蚜小蜂可在棚室内建立种群，有效控制白粉虱危害。

（4）药剂防治。在白粉虱发生期用 20%噻嗪酮可湿性粉剂 1 000 倍液、2.5%联苯菊酯乳油 3 000 倍液或 2.5%高效氯氟氰菊酯乳油 4 000 倍液喷洒均有较好效果。采果前 15 天应停止用药。

（三）龙眼荔枝蝽

1. 主要症状

成虫、若虫均刺吸嫩枝、花穗、幼果的汁液，导致落花落果。其分泌的臭液触及花蕊、嫩叶及幼果等可导致接触部位枯死，大发生时严重影响产量，甚至颗粒无收。

2. 防治措施

（1）防治适期。4月上中旬荔枝蝽象进入交尾产卵高峰期，5月将出现大量若虫，在1~2龄若虫盛发期是防治的关键时期。

（2）药剂防治。10%高效氯氰菊酯乳油5 000倍液；2.5%溴氰菊酯乳油2 500倍液加5%阿维菌素乳油3 000倍液；480克/升毒死蜱乳油1 000~2 000倍液；4.5%高效氯氰菊酯乳油2 000倍液喷雾；20%氰戊菊酯乳油2 000倍液喷雾。

（四）龙眼小灰蝶

1. 主要症状

幼虫蛀害荔枝、龙眼前期和中期果实，从果的中部或肩部蛀入，食害果核。

2. 防治措施

（1）药剂防治。同荔枝蛀蒂虫，重点抓好在早熟种第2次生理落果前喷药，免繁殖扩散危害。

（2）人工捕杀。果园发现成虫活动，马上检查幼果，及时摘除虫害果，在裂缝化蛹时捕杀。

第十五章　香蕉栽培与病虫害防治技术

第一节　建园技术

一、园地选择

适宜的气候条件为年均温度≥20.1℃，10℃年活动积温≥7 500℃，最低月平均气温≥12℃，全年无霜。土壤条件为黏壤土至沙壤土，pH 值 5.5~7.5。土层厚度 60 厘米以上，地下水位距地面>80 厘米。地面坡度>15°。设施条件为能排能灌，可实现通路通电，远离砖瓦厂、化工厂、水泥厂等空气污染源的区域。

二、园区规划

(一) 小区划分与防护林布置

以园地的地形、土壤等环境条件和有利管理为原则，划分若干小区，小区面积以 3~7 公顷为宜。在沿海台风区和常风较大的地区，园地及小区周围宜营造防护林带，林缘距以 5~6 米为宜。

(二) 道路布置

全园每个小区均设连接道路，一般主干道宽 5.5 米，田间作业道宽 3.5 米。主干道应与工具房、包装房、田间作业道、园外道路相连。

（三）排灌系统布置

将园地分为若干小区后，在园地四周设总排灌沟，园内设纵横大沟并与畦沟相连，在坡地建园还应在坡上设防洪沟。根据地势确定各排水沟的大小与深浅，以在短时间内能迅速排出园内积水为宜。无自流灌溉条件的蕉园，建设蓄水或引堤水工程，并安装水肥一体化设施。有自流条件的蕉园可采用基于文丘里效应的自动吸肥系统，既简便又高效。

（四）采收设置布置

架设以镀锌钢管为材料高约2米、底宽约1.5米的拱形采收索道，作为将果穗运往包装房的田间设施，索道距最远的蕉株直线距离<50米；面积较小，地块分散的蕉园无法架设采收索道时，则配套特制采收车辆作为无伤运蕉设备。

三、栽植技术

（一）整地备耕

在定植前，先犁地，深翻45厘米，用旋耕机将土壤耙松、细碎，将树根、杂物、杂草清出园外。在平缓的园地，若地下水位低则开沟定植，苗在沟里；若地下水位高则开沟起畦定植，苗在畦面。在坡度明显的园地，坡度<5°则修筑沟埂梯田，坡度>5°则修筑等高梯田，苗在田面。

（二）植穴准备

平缓的园地植穴口大小一般为50厘米×50厘米，深45厘米，底40厘米×40厘米；山坡地植穴口60厘米×60厘米，穴深55厘米，底50厘米×50厘米。

（三）回穴、施基肥

回穴时施入基肥，用充分腐熟的牛粪、猪粪、鸡粪、羊粪等有机肥加磷肥与表土混匀填回植穴，留深20厘米净回表土（不宜含基肥）。每穴用有机肥 5~10 千克加磷肥 200~250 克。植穴宜在定植前 1 个月准备好。

（四）定植

选择本地适栽，抗逆性较强，高产优质，市场畅销的品种。当前主栽品种有桂蕉 6 号、桂蕉 1 号（特威）、巴西蕉，抗枯萎病品种南天黄、粉杂 1 号，广粉、金粉、贡蕉也有一定规模栽培。

可依据品种特性、当地气候、地形地貌调整种植密度。植株相对高大或单株产量高的品种适当疏植，植株相对矮小或单株产量低的品种适当密植。阳光充足、气温高的地区适当密植，相反则适当疏植。

可采用长方形、正方形、三角形或宽窄行等种植规格。宽窄行定植，宽行行距 2.94 米，窄行行距 2 米，株距 1.8 米。在春末夏初或夏末秋初定植，避开高温和低温时节。定植前先按大小、强弱将苗分成 2 级，同级苗定植在一起以便齐苗管理。定植时，在植穴面中央挖一个小穴，小心除去塑料杯（袋），保持育苗基质块完整不松散，将基质块置于小穴中，分层用细土填入基质块周围，并用手稍压实。定植深度以超过基质块上表面 2.5 厘米。定植后灌足定根水，以后酌情灌溉以保成活。如遇高温干旱天气，用带叶树枝或芒萁等材料插在蕉苗周围遮阴，早晚时段灌溉。

第二节　果园管理技术

一、土肥水管理

（一）土壤管理

1. 调节土壤酸度

土壤 pH 值≤5.5 的蕉园，应施用石灰调节土壤酸碱度，每年每公顷蕉园的石灰施用量为 750~1 500 千克，并增施有机肥。

2. 土壤覆盖

定植蕉苗后约 2 个月，杂草生长高度为 20 厘米之前，用透水防草布覆盖植穴周围或畦面，蕉苗假茎周围 30 厘米范围留空不覆盖。

3. 间作

如需要间作，则先不用覆盖防草布。在蕉苗定植前 1 个月或定植后 20 天，开始在行间、株间的空隙地间种花生、大豆、绿豆、南瓜、西瓜、辣椒等矮生作物，间作物应距蕉株基部 40 厘米以上。间作物收成后，再用防草布将秸秆、残茬覆盖。

4. 除草

定植蕉苗后约 2 个月内，若使用化学除草剂则会影响小苗生长。蕉苗假茎周围 30 厘米范围的杂草，采用人工拔除、铲除，可结合松土作业进行；畦面的杂草在防草布覆盖 2 周后则会枯死。因此，采用少量人工除草结合防草布控制杂草，将蕉园杂草控制在不影响香蕉植株正常生长范围即可。

5. 松土、培土

新植蕉园，定植蕉苗后约 2 个月，在雨后或停止灌溉 1~2 天，结合人工除草作业进行松土，深度以 10~15 厘米为宜。

植株生长到假茎高 80~100 厘米时，蕉头（球茎）有小部分露出，结合施有机肥和修畦沟作业进行培土，厚度 10~15 厘米，以蕉头不露、根系不露为宜。

（二）水分管理

1. 排水

淹水时间过长（蕉园浸水 3 天后），蕉园中大部分香蕉叶片变黄，香蕉根系变黄，缺氧坏死，变黑腐烂，从而使整个香蕉植株枯萎，死亡。因此，当园内水分过多时，应及时排出积水；地下水位过高时，应及时将地下水位降至 60 厘米以下。

2. 灌溉

香蕉短时缺水叶子两半片下垂，气孔关闭，光合作用暂停。严重干旱会使叶片枯黄凋萎，新叶不抽生，但球茎较耐旱。缺水 1 个月在各生长期引起的变化：7~12 片叶龄时，没有特别的影响；13~18 片、19~24 片、25~30 片叶时，分别延迟抽蕾 43 天、32 天和 28 天，但叶片数不变；13~24 片叶时缺水，果穗的果指数减少。所有缺水单株产量均较低，尤其是 19~24 片叶龄以上时。缺水一般会造成收获后果实的青果耐储性差。

当土壤田间持水量≤75% 时应及时灌溉。营养生长旺盛期、抽蕾期、果实生长期需水量大，通过灌溉保持土壤田间持水量 80%~85%；苗期和果实成熟期需水量较小，保持土壤田间持水量 60%~80%；采果前 7~10 天应停止灌溉。

灌溉方式有微喷灌、滴灌、小管出流、漫灌。微喷灌便于水肥共施，铺设和维护简便，设施成本低；滴灌水分输送距离较远，可实现较为均匀的水肥共施；小管出流在高温干旱季节，可实现短期内大量灌水；地下水位较高，地表水源充足的地区，可用沟渠漫灌。灌溉时长、时点，可根据植株生长、天气、蕉园所处地形地貌及土壤理化性质进行适度调整。

(三) 施肥管理

1. 施肥原则

应用营养诊断技术，平衡养分供需，有机肥与化肥、微生物肥相结合，满足香蕉对各种营养元素的需求，配方施肥，以产定肥，足量而不过量。

2. 施肥量及配比

推荐肥料施用比例为 N-P-K = 1-0.4-1.2，其中每株每次施用量为氮 300~400 克、磷 90~200 克、钾 390~880 克。具体施肥量及配比应根据当地气候条件、土壤肥力、生产目标、种植密度、品种、管理水平等情况适当调整，有条件者宜施用香蕉专用肥。

3. 施肥时期与分配比例

前期（植后前3个月）施壮苗肥，用量占总施肥量的30%，目的在于壮苗壮秆，应掌握勤施薄施的原则，施氮肥、磷肥为主，适量施用钾肥。植后10~15天，小苗抽出的第1片新叶完全展开后开始追肥，以后每7~10天施一次，共施3~4次，推荐每株每次淋施400倍尿素水溶液或腐熟稀薄人畜粪尿约4千克。植后第2个月，每10~15天施一次肥，共施2~3次，推荐每株每次淋施尿素200倍液或硫酸钾复合肥水溶液约4千克。尿素与复合肥交替施用。植后第3个月，每10~15天施一次肥，共施2~3次，推荐每株每次淋施混合肥（尿素：硫酸钾=1:1）100倍液约4千克或撒施上述混合肥50~75克，有条件者采用灌溉式施肥（液态施肥）。注意施肥量可逐月加大，但施肥浓度不应过高，施用量不应过多。

中期（植后4个月至抽蕾前）施壮蕾肥，用量占总施肥量的30%，目的在于壮蕾，提高花质。以施钾肥、氮肥为主，磷肥为辅。每15~20天施一次肥。推荐中期施肥量为每株尿素400克、硫酸钾1 000克和硫酸钾复合肥350克，分6~8次施用。施用时尿素与硫酸钾（或硫酸钾复合肥）混合均匀后施用，多采用撒施或沟施，有条件者采用灌溉式施肥。

后期（抽蕾后至采收期）施壮果肥，用量占总施肥量的40%，目的在于促进果实膨大，提高果实品质。主要施用钾肥和氮肥，分别在现蕾、断蕾和套袋后各施一次肥。推荐后期施肥量为每株尿素150克、硫酸钾350克、硫酸钾复合肥250克，分3次施用。此外，还可结合病虫害防治喷施0.2%~0.3%磷酸二氢钾或其他叶面肥。

4. 施肥方法

淋施（液施），多用于定植后 50~60 天内的苗期，人畜粪尿（沤制成水肥）、尿素、复合肥等施用时多用此法。化肥液施时，应先将肥料用水充分溶解并混合均匀成一定浓度，淋于蕉苗基部周围，肥液不宜淋到叶片。

沟施，多用于香蕉前中期生长阶段。沟施化肥时，在树冠滴水线周围开侧沟、半环沟或环状沟，沟宽约 20 厘米、深约 10 厘米，均匀将肥料撒施于沟内，施后覆土。沟施有机肥时，在树冠滴水线或行间挖沟施用，沟宽 40 厘米、深 20 厘米。

撒施，在香蕉根系活动较强的季节（如夏秋季、处于中期生长阶段）可撒施化肥。方法是在喷灌前、雨后或漫灌后，将肥料均匀撒于畦面。

灌溉式施肥，又称液态施肥、加肥灌溉，将肥料溶入灌溉水中，以较小的流量均匀、准确地直接输送到香蕉根部附近土壤中，具有优质、高产、节能、高效、无污染的优点。此施肥方法适用于具有喷灌、滴灌等设施的蕉园。有条件者，推荐采用此法进行施肥。

叶面施肥，除根际施肥外，可在各生长阶段适当进行叶面施肥，如喷施 0.2%磷酸二氢钾+0.2%尿素+0.2%硫酸锌+0.4%硫酸镁的混合液。也可喷施氨基酸叶面肥、微量元素叶面肥、腐殖酸叶面肥等，具体施用技术严格按照说明书进行。叶面喷施肥料时，宜在肥液料中加入少量黏着剂（如柔水通）、中性肥与较好的洗涤剂，并在叶面叶背一起喷施。

二、树型管理

(一) 除芽与留芽

一年只收一造的单造蕉，应将吸芽及时去除。计划留芽生产下一造的，则在蕉株抽蕾前把吸芽及时挖除，抽蕾后选留一壮芽生长，其余吸芽及时去除。2 年收 2 造或 3 年收 5 造的多造蕉，在留芽与除芽时，应掌握母株刚挂果时选留吸芽（子代）。当子代吸芽接近花芽分化（约长出 20 片大叶）时，再选留一个吸芽（孙代），多余的吸芽应及时去除。

机械除芽，当吸芽长到 15～30 厘米高时，用锋利的钩刀齐地面将其切除，然后破坏其生长点。化学除芽，当吸芽长到 15～30 厘米高时，在吸芽中心（由叶片形成的喇叭口）或生长点中注入化学药剂。

(二) 割除枯叶、病叶、假茎

当植株上的叶片黄化或干枯占该叶片面积 2/3 以上或病斑严重时，应及时将其割除并清出蕉园。当采收 3 个月后，应及时砍除旧假茎，可将砍下的假茎切碎后就地铺于畦面，但应在其上撒施石灰，并喷洒防治香蕉象鼻虫的杀虫剂。

(三) 立桩防风

可选用坚韧的竹子或木条作蕉桩。抽蕾前立桩时，一般在距蕉头 30 厘米处打洞，洞深 60 厘米，将蕉桩竖入洞中并压紧，然后用塑料片绳等将假茎绑牢于蕉桩上，抽蕾后应调节蕉桩达到不与花蕾（果穗）接触；抽蕾后立桩时，将蕉桩立于蕉蕾（果穗）的另一侧或蕉蕾斜侧边，避免蕉桩与果实接触，蕉桩上部绑牢于果轴上。

三、花果管理

(一) 校蕾、绑叶

当植株抽蕾时，应经常检查蕉株，如花蕾下垂的位置刚好在叶柄之上的，应及早将花蕾小心移至叶柄一侧，使花蕾下垂生长。同时将靠近或接触至花蕾的叶片绑于假茎上，避免擦伤雌花子房（果皮）。

(二) 抹花

在果指末端小花花瓣刚变褐色时，将小花瓣和柱头抹除。抹花宜选择晴天 10 时以后进行，开花 2 天内和早上露水不干时不宜抹花。

(三) 疏果

每穗果选留 6~9 梳果为宜，果梳过多时，可将果穗下部果梳割除，如头梳果的果指太少或梳形不整齐时也应将其割除。具体去留多少果梳，要根据挂果季节、蕉株功能叶片数及新植或宿根等情况而定。同时应疏除双连和多连果指，畸形果和受病虫危害的果指。果穗最后一梳果应保留一个果指。

(四) 断蕾

当花蕾的雌花开放完毕，且若干段不结果的花苞开放后，即可进行断蕾，断口应距末梳小果 12 厘米。断蕾宜选择晴天午后进行，雨天和早上露水不干时不宜断蕾。

(五) 果穗套袋

选用无纺布袋、PE 薄膜袋（厚度为 0.02~0.03 毫米）、珍珠棉袋或香蕉专用袋等作为套袋材料。规格一般长 120~135 厘米、宽 60~80 厘米，具体以果穗大小而定。套袋需在断蕾后 10 天内完成。

套袋前对果穗喷施一次防治香蕉黑星病的杀菌剂和防治香蕉

花蓟马的杀虫剂。套袋时，上袋口应距离头梳果的果柄25厘米以上，用绳子将上袋口扎实在果轴上；下袋口可不绑或稍绑，并记录断蕾套袋时间。夏季使用PE薄膜袋必须打孔，还应事先在果穗中上部向阳面加垫双层报纸、牛皮纸、软质包装纸或无黑星病的护叶，将袋子与果实隔开（防晒）；冬季温度降至8℃以下时，应套双层袋或在袋内加牛皮纸，并扎实下袋口防寒。

（六）调整果穗轴方向

不与地面垂直的果穗轴，宜用绳子绑住果穗的末端，拉往假茎方向并固定在假茎上，使其与地面垂直。

第三节　病虫害防治技术

一、常见病害

（一）香蕉炭疽病

1. 主要症状

香蕉炭疽病是全世界香蕉产区的主要采后病害，在果实黄熟期常造成严重损失。此病害危害植株地上各部分，以果实最重。危害青果时，病斑呈长椭圆形，黑褐色，果实上生有许多小黑点，但青果很少受害；熟果上病斑常呈梭形，黑褐色，有时有圆心轮纹，往往中央纵裂，大小（5~20）毫米×（3~15）毫米，有些品种病斑小，褐色，俗称"梅花点"。此病可与许多其他病原菌（如镰刀菌、轮枝菌等）共同引起冠腐病。

2. 防治措施

（1）选择高产、优质、无病菌的抗病品种，并加强水肥管理，增强植株生长势，提高植株的抗病力。

（2）做好蕉园卫生，及时清除病株、病轴和病果，并在结果初期进行套袋，可减少病菌侵染。

（3）适时采果，当果实成熟度达七八成时最为适宜，过熟采收易感病。采果以晴天进行为宜，切忌雨天采果。在采果、包装、储运过程中要尽量减少或避免果皮机械伤。

（4）从抽蕾开花期开始喷施 50% 多菌灵可湿性粉剂 1 000 倍液，每隔 2~3 周喷药 1 次，连喷 3~4 次。

（5）采后以 50% 多菌灵可湿性粉剂 600~1 000 倍液、450克/升噻菌灵悬浮剂 500 倍液浸果 1~2 分钟。

（二）香蕉枯萎病

1. 主要症状

在香蕉的各个生长期，从幼小的吸芽至成株期都能发病。发病初期下部叶片及叶鞘处发黄，从叶边缘向中脉逐渐扩展，导致香蕉生长缓慢；发病中期叶片折断，积集在一起，似围裙状；发病后期叶片向下、向上折断，倒垂并发黄，植株干枯而死亡。总之，香蕉枯萎病的主要病变特征：一是叶片变黄色，下垂；二是假茎基部靠近地面处开裂；三是假茎和根部的维管束变红色或褐色。

2. 防治措施

（1）种植通过审定的优势抗病苗，降低植株的发病率。

（2）增施有机肥和钾肥，及时杀灭地下线虫及象甲类害虫，通过施用含有拮抗菌的有机肥，调节根际土壤的有益微生物种群，从而增强植株抗病力。

（3）发生香蕉枯萎病的蕉园要及时挖除病株，并就地晒干焚烧。有条件的可先用草甘膦溶液注入发病的香蕉植株（在植株高15 厘米处注入），待植株枯死后，收集病株集中烧毁或深埋处理。

（4）零星发病区的蕉园必须改种其他非蕉类作物或做其他用途。

（5）重病区的蕉园要用石灰或多菌灵等药剂对病株周围的土壤进行消毒处理，并进行农业防治。

（三）香蕉叶斑病

1. 主要症状

香蕉叶斑病一般包括黄条叶斑病和黑条叶斑病。

黄条叶斑病多在上部叶片显症。初生时呈现细小、黄绿色病纹，长度<1毫米，逐渐扩展后，形成椭圆形、暗褐色病斑，叶外围黄色晕环。以后病斑中央干枯呈浅灰色，外缘有黑色或深褐色细线，具黄色晕圈。发生严重时，病叶局部或全叶枯死。潮湿条件下，病斑表面可见大量灰色霉状物。受害株若多数叶片染病，则不能抽穗，或抽出的果穗瘦、果指小、果肉变色；如整株失去功能叶片，抽出的果穗常腐烂、折断，整穗脱落，严重减产。

黑条叶斑病，最初发病时在叶脉间生有细小褪绿斑点，后逐渐扩展成狭窄的、锈褐色条斑或梭斑，两侧被叶脉限制，外围呈黄色晕圈。随着病情的发展，条纹颜色变成暗褐色，然后逐渐加深为黑色，病斑扩大呈纺锤形或椭圆形，形成具有特征性的黑色条纹。

2. 防治措施

（1）保持蕉园清洁，清除园内病叶、残叶，并集中烧毁。

（2）保证种植密度适宜。矮秆品种3 000株/公顷，中秆品种2 250株/公顷，高秆品种1 800株/公顷。

（3）在病害发生初期定期喷药，发病较轻时15~20天喷一次，发病严重时10~12天喷一次，重点保护新叶、嫩叶，一年喷药约8次。对黄条叶斑病多采用铜制剂和有机硫类杀菌剂，在控制黑条叶斑病的研究中，多采用甾醇类杀菌剂。

（四）香蕉黑星病

1. 主要症状

香蕉黑星病危害叶片和果实，发病的叶片及中脉产生许多散生或群生的突起小黑斑，直径约 1 毫米，黑斑周缘淡褐色，中部稍下陷，病斑密集时结成块斑，最后导致叶片枯黄；果实发病时，症状常在断蕾后的 2~4 周出现，多在果指提弯腹处，严重时全果均有，初期为红棕色、外围暗绿色水晕，随着果实增大，病斑密度增大，严重的扩展至全果，影响果实的外观和耐储性。

2. 防治措施

香蕉黑星病的控制必须采取预防为主、综合防治的策略。

（1）在生产上主要改善蕉园生态环境，并加强栽培管理，重视病害的监测和预测预防。抓住防治关键时期，合理科学地使用高效、低毒、低残留农药。

（2）适宜采取隔离保护的措施套袋防病，采用质地较牢固的材料，如蓝色聚乙烯薄膜，套袋上口紧扎在蕉轴的基部，下口打开透气，对黑星病的防护作用可达到 85% 以上，起到隔离传染的作用。

（3）75% 百菌清可湿性粉剂 1 000 毫克/升对香蕉黑星病的防治效果较好，防效达 75%，而且可以促进蕉果颜色艳绿。使用时在断蕾后喷药，约 15 天喷一次，共喷 3 次；或用 25% 丙环唑乳油 1 500 倍液、25% 咪鲜胺乳油 800 倍液或 80% 代森锌可湿性粉剂 800 倍液等。注意在果实成熟后期，用药安全隔离期一般在最后一次用药至香蕉采收的间隔期为 25 天以上。

二、常见虫害

（一）香蕉交脉蚜

1. 主要症状

又称蕉蚜、黑蚜。刺吸危害香蕉植株，使其生长势受影响，更严重的是吸食病株汁液后传播香蕉束顶病和花叶心腐病，对香蕉生产有很大危害。

2. 防治措施

（1）栽植无病毒地区并经检疫的种苗。

（2）蕉园若发现染病植株，立即喷洒杀虫剂，并将带病株及其吸芽彻底挖除，以免无毒蚜虫再吸食毒汁而传播。

（3）在病毒病发生地区，可喷洒5%鱼藤酮微乳剂1 500倍液、10%吡虫啉可湿性粉剂3 000~4 000倍液、50%抗蚜威可湿性粉剂1 000~1 200倍液、2.5%溴菊酯乳油2 500~5 000倍液、40%毒死蜱乳油1 000~2 000倍液进行防治。

（二）香蕉弄蝶

1. 主要症状

以老熟幼虫在虫苞内越冬。成虫在清晨和傍晚活动，阴天可白天活动，取食花蜜，在蕉叶的正背面和叶柄处产卵。孵化的幼虫初爬到叶边缘取食，后吐丝将叶卷成筒状，幼虫从叶苞上端与叶片相连的开口处，伸出体前部向下取食，边食边卷，加大叶苞。虫体长大后迁离原处，重新卷结叶苞，并在叶苞内壁结丝化蛹。一只幼虫可危害半片叶。

2. 防治措施

（1）清理蕉园。冬季或春季回暖时清园，把枯叶剥除集中烧毁，以杀死潜藏在苞内的幼虫或蛹，减少虫源。

（2）经常检查。摘除悬挂在蕉株叶片上的虫苞。

（3）药物喷杀。可选用氯氰·毒死蜱、毒死蜱或高效氯氟氰菊酯喷杀初龄幼虫。

（4）保护天敌赤眼蜂、小茧蜂。喷药防治三代、四代幼虫，可用高氯·甲维盐、氯虫苯甲酰胺喷雾防治。

参考文献

陈勇, 贾陟, 徐卫红, 2016. 果树规模生产与病虫害防治[M].
北京: 中国农业科学技术出版社.

胡会刚, 谢江辉, 2019. 香蕉优质丰产栽培彩色图说[M]. 广州: 广东科技出版社.

蒋锦标, 卜庆雁, 2011. 果树生产技术(北方本)[M]. 北京: 中国农业大学出版社.

马宝焜, 杜国强, 张学英, 2010. 图解苹果整形修剪[M]. 北京: 中国农业出版社.

王江柱, 徐扩, 齐明星, 2016. 果树病虫草害管控优质农药 158种[M]. 北京: 化学工业出版社.

王转莉, 2014. 果树生产技术基础理论[M]. 银川: 宁夏人民出版社.

杨建华, 2019. 枣树实用丰产栽培技术[M]. 北京: 化学工业出版社.

张晓翰, 2011. 现代梨生产实用技术[M]. 北京: 中国农业科学技术出版社.

张玉星, 2005. 果树栽培学各论: 北方本[M]. 3 版. 北京: 中国农业出版社.